U0266012

程序员修炼之道
——程序设计入门30讲

◎ 吕云翔 傅义 主编

清华大学出版社

北京

内 容 简 介

本书收录了与程序设计基础知识相关的 30 个问题。它们是大部分初次接触编程的读者共有的问题。这些问题的答案并不复杂，但是消化吸收它们却不是一个简单的过程。这需要读者培养计算思维，学习从程序的视角看问题。当你可以回答本书所有的问题时，相信你已经越过了程序设计的第一道门槛。

本书分为 6 部分，分别是：入门学堂、内存模型、初窥算法、面向对象、认识程序、编程之道。在入门学堂这部分中，主要介绍程序设计最基础的知识，例如如何编写第一个 Java 程序、第一个 C++ 程序，学习调试程序等。在内存模型这部分中，我们将学习指针、引用、栈和堆、参数传递等内存相关的知识。初窥算法部分围绕基础的数据结构和算法展开，如链表、递归算法、搜索算法等。在面向对象这部分中，我们将围绕面向对象程序设计的三大特性展开学习。认识程序部分则介绍更多程序设计方面的知识，如异常处理机制、输入输出流、多线程编程等。编程之道部分讲述提升代码质量的方法，编程不仅是一项工程性的工作，更是一项艺术工作，这一部分就围绕程序设计的艺术性来展开。

本书面向所有计算机相关专业的学生，也面向所有对程序设计感兴趣的入门学习者，只要对本书中的任何问题感到疑惑，并且想知道背后答案的读者，都可以阅读本书。

图书在版编目（CIP）数据

程序员修炼之道：程序设计入门 30 讲 / 吕云翔，傅义主编. —北京：清华大学出版社，2018

ISBN 978-7-302-49928-2

Ⅰ. ①程… Ⅱ. ①吕… ②傅… Ⅲ. ①程序设计-问题解答 Ⅳ. ①TP311.1-44

中国版本图书馆 CIP 数据核字（2018）第 064701 号

责任编辑：魏江江　薛　阳
封面设计：刘　键
责任校对：胡伟民
责任印制：刘海龙

出版发行：清华大学出版社
　　网　　址：http://www.tup.com.cn, http://www.wqbook.com
　　地　　址：北京清华大学学研大厦 A 座　　　　邮　　编：100084
　　社 总 机：010-62770175　　　　　　　　　　邮　　购：010-62786544
　　投稿与读者服务：010-62776969，c-service@tup.tsinghua.edu.cn
　　质 量 反 馈：010-62772015，zhiliang@tup.tsinghua.edu.cn
印 装 者：北京鑫海金澳胶印有限公司
经　　销：全国新华书店
开　　本：185mm×240mm　　　印　张：10.75　　　字　数：170 千字
版　　次：2018 年 7 月第 1 版　　　　　　　　　印　次：2018 年 7 月第 1 次印刷
印　　数：1～2000
定　　价：39.50 元

产品编号：075267-02

前　言

　　计算机科学是一门专业性很强的学科，该学科思考问题、解决问题的独特方式将很多初学者拦在了门外。还记得高中刚接触力学的时候，很多题目让笔者望而却步，经过了反复琢磨，笔者才领悟到受力分析这一根本方法的诀窍，在此之后，所有的题目仿佛一下子变得简单了许多。相比物理，计算机的概念显得更为抽象，入门门槛也因此更高。不同的初学者因天赋不同，在入门这一过程中花费的时间长短不一。然而天才毕竟是少数，很多读者在建立计算思维的过程中遭遇重重困难，一部分读者甚至中途放弃。

　　当笔者在越过了阻碍初学者入门的这道门槛之后，回过头来看那些当初困扰笔者的问题，似乎并没有什么特别难的地方。笔者认为，大部分困难并非在于问题本身，难的是通过这些问题培养计算机独特的思维方式。

　　我们通过对北京航空航天大学大一大二软件工程专业学生的调研，搜集了他们在学习过程中遇到的困扰他们的问题。本书收录了其中出现频率最高的大部分问题，例如：什么是指针？对象是如何传递的？为什么静态方法不能调用非静态成员？编译和链接阶段发生了什么？等等。本书分为六部分，分别是：入门学堂、内存模型、初窥算法、面向对象、认识程序、编程之道。在入门学堂这一部分中，我们将学习程序的基本概念，掌握编程的基本方法。内存模型部分则涉及计算机体系结构中较为重要的一部分——内存的知识，程序运行背后的内存模型是学习编程所需修炼的内功之一。初窥算法部分则介绍编程中常见的算法与数据结构，这是学习编程所需修炼的又一大内功。面向对象部分介绍当下最常见的软件开发方法。认识程序部分是关于程序设计更多的知识介绍，例如多线程编程、异常处理、输入输出等。编程之道部分介绍了编程之道，这些方法更多地是为了帮助我们写出高质量的代码。

本书共收录了 30 个常见的问题，我们认为这些问题是极具代表性的，相信大部分的初学者在遇到这些问题的时候都会想看到这些问题最通俗易懂的解答，而这正是我们撰写本书的目的。无论你是初学者还是已经具备了一定的编程能力的学习者，如果你对本书列出的某些问题还存有疑惑，不妨去阅读一下相应的解答，由于每一个问题都相对独立，读者可以挑选感兴趣的问题进行阅读，而不一定按照顺序从头读到尾。我们希望所有的初学者在阅读完本书之后，能对程序形成一个系统而清晰的认识，成功跨越学习编程的第一道门槛，发现编程的乐趣。

本书具有以下几个方面的特点。

目标性强：本书针对刚刚接触编程的计算机、软件工程相关专业的学生，旨在帮助读者建立计算机专业的思考方式，培养程序员的思维方式。书中收集了大部分初学者都会遇到的问题，通过形象生动的语言进行解答，帮助初学者跨越编程的第一道门槛。

问题典型，回答生动：本书采用一问一答的编写形式，行文类似《十万个为什么》。问题选取计算机相关专业学生在初学编程时最容易遇到的典型问题，范围涵盖内存模型、算法与数据结构、程序设计语言等多个方面。回答采用生动形象的语言，以尽可能多的类比让读者轻松理解问题答案。

受众广泛：本书适合刚接触编程的初学者，包括计算机、软件工程专业大一大二的学生以及热爱编程的自学者。本书也适合学习了编程一段时间的读者，帮助其梳理思路，温故知新。

章节独立：由于本书各章节的问题相对独立，读者可以任意选择感兴趣的章节进行阅读，而不一定要按顺序从头读到尾，增强了阅读的灵活性和针对性。

　　本书的作者为吕云翔、傅义，另外，曾洪立、吕彼佳、姜彦华参与了部分内容的写作与资料整理的工作。

　　由于我们的水平和能力有限，本书难免有疏漏之处。恳请各位同仁和广大读者给予批评指正，也希望各位能将实践过程中的经验和心得分享给我们（yunxianglu@hotmail.com）。

编　者

2018 年 3 月

目　录 ▷▷▷

一、入门学堂

1. #include, using namespace std, int main 分别是什么意思？我的第一个 C 程序
2. import, public static void main, String[] args 分别是什么意思？我的第一个 Java 程序
3. 什么是数据类型？
4. 如何阅读项目源码？
5. 如何调试程序？

1. #include, using namespace std, int main 分别是什么意思？我的第一个 C 程序

本节的目的就是让读者看一看 C++程序长什么样，更重要的，我们希望读者能把原来初学时不明白的地方都弄明白。通过本节，读者会对 C++有一个大体的认识。本节的知识较为基础，如果对于示例代码 1.1 没有任何疑问，完全可以跳过本节。如果对 Java 语言更感兴趣，也可以直接进入下一节。

▷▷▷ Hello world!

相信每个程序员接触的第一个程序都是 "Hello world"，我们要认识的第一个 C++程序也不例外。

示例代码 1.1

```
#include <iostream>
#define HELLO_WORLD "Hello world!"
using namespace std;
```

```
int main()
{
    cout<<HELLO_WORLD<<endl;
    return 0;
}
```

▷▷▷ 文件包含

示例代码 1.1 的第一行#include <iostream>是文件包含指令，该指令的作用是在编译预处理时，将指定源文件的内容复制到当前源文件中，如图 1.1 所示。以示例代码 1.1 为例，在该段代码被编译之前，iostream 文件内容会被复制到当前文件的起始位置，替代原先的#include <iostream>。为什么要在文件的第一行写这样一句指令呢？我们希望在屏幕上打印"Hello world"，就需要用到标准输出 cout，这是一个负责程序对外输出的对象，而该对象是在 iostream 文件中定义的。简单地说，iostream 文件为我们提供了输入输出功能。

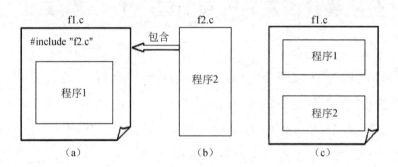

图 1.1　文件包含指令作用示意图

读者你也许注意到了，在#include <iostream>后面并没有添加分号，所以这一行并不是一条 C 语句，而是一个预处理指令。预处理指令是编译器在将程序编译为机器语言之前首先会对程序进行的预处理。常见的预处理指令包括文件包含、宏定义和条件编译，接下来我们进一步了解宏定义的概念。

▷▷▷ 宏定义

示例代码 1.1 的第二行#define HELLO_WORLD "Hello world!"是一条宏

定义，该指令的作用是在编译预处理时，将源文件中所有的 HELLO_WORLD 都替换为"Hello world!"，于是示例代码 1.1 的第 6 行 cout<<HELLO_WORLD <<endl;会变为 cout<<"Hello world!"<<endl;。宏定义也是一种预处理指令，该指令在编译器编译之前被执行。

很多初学 C 语言的同学分不清宏定义与 const 常量的区别。宏定义只是在编译预处理阶段进行替换，并不会在内存中生成对应的变量。而 const 常量是一个在内存中分配了空间的只读变量。所以这两者有本质上的区别。

▷▷▷ 命名空间

示例代码 1.1 的第三行 using namespace std;表示使用命名空间 std。命名空间是指各种标识符的可见范围。C++标准程序库中的所有标识符都被定义在一个 std 的命名空间中。如果不在示例代码中使用 using namespace std;这一行语句，想要使代码通过编译，就需要将示例代码第 6 行的 cout<<HELLO_WORLD<<endl;修改为 std::cout<<HELLO_WORLD<<std::endl;。

我们可以将命名空间想象成区号，将类名想象为一个电话号码。由于各省市的电话号码可能重复，就通过在电话号码前面加上区号使得该号码成为一个独一无二的表示。Java 中也有类似的机制，包名就如同区号，类名就如同电话号码。

▷▷▷ main 函数

接下来代码进入了主体部分——main 函数。main 函数是 C++程序的入口函数，是程序执行的起点。该函数与其他的函数在形式上没有什么区别，也由返回类型、函数名和函数参数组成。

返回类型：C++规定，main 函数返回类型是 int 型。返回值用于告诉程序的调用者（即操作系统），程序的退出状态。若返回 0，则表示程序正常退出，若返回其他非 0 值，表示程序异常退出，返回其他数字的含义由系统决定。所以在示例代码 1.1 的第 7 行，我们定义了语句 return 0;用来告诉操作系统，函数正常执行完毕。该返回值并不属于打印到屏幕上的内容，很多初学者在一开始会混淆返回值和标准输出的概念。

函数参数：C++中，main 函数一共有以下两种定义方式：

```
int main( )
int main( int argc, char *argv[] )
```

示例代码 1.1 采用的是第一种定义方式，即没有函数参数。本章最后的进阶部分给出了采用第二种定义方式的示例代码 1.2，并阐述了函数参数所表达的意义。

函数主体：我们通过语句 cout<<HELLO_WORLD<<endl;打印 "Hello world!"到屏幕。cout 是标准输出流对象，调用后会向输出设备输出内容；<< 负责向对象 cout 发送输出的字符串；endl 也是 iostream 中定义的一个对象，向标准输出发送 endl 类似于在控制台窗口中按下 Enter 键。

示例代码 1.1 的运行结果如图 1.2 所示。

图 1.2　示例代码 1.1 的运行结果

 进阶

对于 main 函数的第二种定义方式，argc 表示传入 main 函数的参数的个数，argv[]存放着这些参数，在 argv[]的这些参数中，第一个参数是程序的全名。我们提供一个以第二种方式定义 main 函数的程序，见示例代码 1.2。

示例代码 1.2

```
#include <iostream>
using namespace std;
int main(int argc, char *argv[])
{
```

```
cout<<argv[1]<<" "<<argv[2]<<endl;
cout<<argv[0]<<endl;
return 0;
}
```

在示例代码 1.2 的第 5 行 cout<<argv[1]<<" "<<argv[2]<<endl;中，我们向标准输出打印了 argv[]的第二和第三个参数，而在第 6 行，我们向标准输出打印了 argv[]的第一个参数，为了验证该参数即为程序的全名。

我们在 Visual Studio 中设置向 main 函数传入的参数，第一个参数为 Hello，第二个参数为 world!，两个参数之间以空格隔开，如图 1.3 所示。

示例代码 1.2 的运行结果如图 1.4 所示。

命令	$(TargetPath)
命令参数	Hello world!
工作目录	$(ProjectDir)
附加	否
调试器类型	自动
环境	
合并环境	是
SQL 调试	否

图 1.3　main 函数参数设置　　　　图 1.4　示例代码 1.2 的运行结果

如图 1.4 所示，程序第一行输出了"Hello world!"，即我们向 main 函数传递的参数。程序第二行输出了程序的全名，即 argv[0]。

2. import, public static void main, String[] args 分别是什么意思？我的第一个 Java 程序

在第 1 节中，我们已经认识了第一个 C++程序，通过该程序我们在屏幕上打印了"Hello world!"。本节中我们将学习第一个 Java 程序，通过这一节的学习，读者会初步认识 Java 的包机制、类定义和 main 函数。

▷▷▷ Hello world

在第一个 Java 程序中，我们要完成的工作仍然是向屏幕输出"Hello

world！"。在这里我们故意把打印"Hello world！"的方法变得稍微复杂了些，目的是让读者认识一个更完整的程序。

示例代码 2.1

```java
package program.chapter2;
import java.util.List;
import java.util.ArrayList;
public class Code1 {
    public static void main(String[] args){
        List<String> argsList = new ArrayList<String>();
        for(String arg : args){
            argsList.add(arg);
        }
        System.out.println(argsList);
    }
}
```

▷▷▷ package 语句

程序的第一行是 package 语句，该语句的作用是规定当前类属于哪个包。

在 Java 中，同一个包中存放的类是功能相关的，包机制使得项目代码存放在一个合理有序的组织结构下，便于开发人员管理。

同时，包机制提供了类的多层命名空间，这一点与 C++ 中的命名空间类似，用于解决类的命名冲突。我们也许会遇到类名完全相同的两个类，例如有两个类的类名都是 A，这时候不同的包名为这两个类提供了不同的命名空间，我们就能通过包名告诉计算机我们使用的到底是哪个类了。若用电话号码做类比，包名即为区号，类名即为电话号码。包名一般全是小写字母，由一个或多个有意义的单词连缀而成，命名规则是：域名倒写.项目名.模块名.组件名。例如我们会发现有些包以 org.apache 打头，其对应的域名就是 apache.org。

▷▷▷ import 语句

接下来的一行是 import 语句。我们在编写一个类时，经常会用到其他的类，要正确引用这些类，就需要用 import 语句进行导入声明。在示例代码 2.1 中，我们为了使用 java.util.List 类，定义了 import java.util.List;语句。如果不在程序起始处定义 import 语句，程序中所有用到 List 类的地方都需要使用该类的全名，这就会使代码显得非常冗长。

 进阶

一个 Java 编程高手通常对 Java 常用包非常熟悉，了解 Java 提供了哪些包，能够帮助自己知道利用 Java 可以实现哪些功能，而哪些功能实现起来是较为困难的。Java 的常用包如下。

java.lang：Java 语言的核心，提供了 Java 中的各种基础类。

java.util：实用工具包，提供了各种功能。

java.net：提供了网络编程相关的各种类。

java.io：包含了输入输出操作相关的类。

java.sql：包含了数据库编程相关的类。

java.awt：提供了用于构建图形用户界面的类。

感兴趣的读者可以通过阅读源码深入了解 Java 的包机制。

▷▷▷ **类定义**

在定义了 package 语句和 import 语句之后，程序进入了主体部分，即对类的定义。当编写一个 Java 源代码文件时，此文件通常被称为编译单元，每个编译单元都必须有一个扩展名.java，而在编译单元内则至多可以有一个 public 类，该类的名称必须与文件的名称完全相同，包括大小写在内。

Java 中，类（内部类除外）有两种访问权限：

（1）public 访问权限。可以供所有类访问。

（2）默认访问权限。同一个包中的类可以访问该类，即包级访问权限。

在示例代码 2.1 中，我们定义的类名是 Code1，其访问权限是 public 级别的。如果读者想要了解关于面向对象更深入的知识，可以阅读本书的第四部分。

▷▷▷ main 函数

类似 C 语言程序，main 函数也是 Java 程序的执行入口。main 函数与其他函数在形式上并无差异，也是由返回类型、修饰符、参数等构成的。下面以示例代码 2.1 为例，介绍 main 函数的各个组成部分。

返回类型：void。Java 程序中的 main 函数返回值必须为空，不允许为 int 或其他类型。

访问修饰符：public。为了使得该 main 函数可以直接被系统调用，必须设置访问修饰符为 public。

类修饰符：static。static 修饰符表明该函数类静态函数，即函数是属于类的，而不是属于对象的。因为 main 函数是程序的入口函数，系统是通过类来调用该 main 函数，而不是通过该类的任何对象来调用该 main 函数，所以必须设置类修饰符为 static。关于静态方法更深入的知识，感兴趣的读者可以阅读本书的第 20 节。

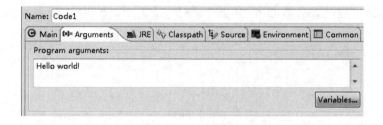

图 2.1 main 函数参数设置

参数：Java 中，main 函数的参数是一个 String 数组。该数组内容是用户在运行程序时设置的。用户可以通过 Eclipse 的 run configuration 设置 Arguments 为 Hello world!，如图 2.1 所示。这一方法类似于第 1 节中 Visual Studio 为 main 函数设置参数的过程。

函数主体：示例代码 2.1 在 main 函数中首先生成一个 List 对象，然后循环遍历 main 函数参数 args，将数组中的每个元素添加到 List 对象中，最后将 List 对象直接打印到控制台。如图 2.1 所示，我们向示例代码 2.1 的 main 函数传入的参数是"Hello"和"world!",所以控制台成功打印出了"Hello world!",如图 2.2 所示。由于我们是直接将 List 对象打印到控制台的,所以输出的字符串包含了中括号,并且在元素之间通过逗号进行了连接。

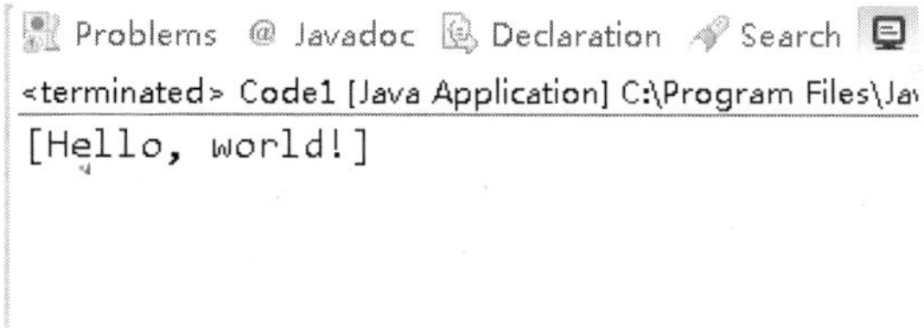

图 2.2 示例代码 2.1 的运行结果

3. 什么是数据类型?

对初学者来说,理解数据类型可能是一个难题。我们已经知道 int 代表整数,char 代表字符,float 代表浮点数,但是这些数据类型在内存中是如何存储的?数据类型对于计算机有什么意义?我们还不是十分清楚。

有些人的观点是,理解数据类型是一个循序渐进的过程,一开始的不理解并不会阻碍初学者打好编程基础,随着编写的代码越来越多,再来学习内存的知识,会更加容易。我也十分认同这种观点,数据类型及内存方面的知识不是一下可以吃透的,但如果读者仍充满了好奇,坚持要理解数据类型,阅读本节也是一个不错的选择。

▷▷▷ 定义

在开始进入本节的学习之前,让我们先来看一下数据类型的定义,尽管定义可能有些枯燥:数据类型在数据结构中的定义是一个值的集合以及定义在这个值集上的一组操作。变量是用来存储值的所在处,它们有名字和数据类型。变量的数据类型决定了如何将代表这些值的位存储到计算机的内存中。

在声明变量时也可指定它的数据类型。所有变量都具有数据类型，以决定能够存储哪种数据。

▷▷▷ 位、字节、字

从数据类型的定义可以看出，数据类型解决的是变量存储的问题。要理解数据类型，首先需要了解计算机是如何存储数据的。我们都知道，计算机的世界是二进制的，仅仅用 0 和 1 就构建了所有的表达，计算机用来存储 0 或者 1 的单位是位（bit），8 个位组成一个字节（byte），位和字节的定义如图 3.1 所示。

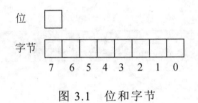

图 3.1　位和字节

位：表示二进制位。位是计算机内部数据存储的最小单位，一个二进制位只可以表示 0 和 1 两种状态；两个二进制位可以表示 00、01、10、11 四种状态；三个二进制位可以表示八种状态。

字节：计算机中数据存储的基本单位。一个字节由 8 个二进制位构成。八位二进制数最小为 00000000，最大为 11111111，可以表示 256 种状态；通常一个字节可以存入一个 ASCII 码，两个字节可以存放一个汉字国标码。

字：在计算机中，一个固定长度的位组作为一个整体来处理或运算，称为一个计算机字，简称字。字通常分为若干个字节，其长度用位数表示，常见的有 16 位、32 位、64 位等。字长越长，计算机一次处理的信息位越多、精度越高，字长是衡量计算机性能的一个重要指标。

综上所述，计算机通过对每一位赋予不同的值（0 或 1）来存储不同的信息，一个字节可以表示 256 种状态。以 ASCII 码为例，它一共定义了 128 个字符的编码，因此只需要占用一个字节的后 7 位就可以表示所有这 128 种不同的状态，最前面的 1 位就统一规定为 0。

▷▷▷ **理解数据类型**

示例代码 3.1

```
#include <iostream>
using namespace std;
int main()
{
    char s[2] = {'A', 'B'};
    short *xx = (short *)s;
    cout<<*xx;
    return 0;
}
```

为了理解数据类型，我们首先来阅读示例代码 3.1。在该段代码中，首先定义了一个 char 类型的数组 s，该数组共有两个元素，分别是'A'和'B'。C++中，char 类型占一个字节，其中，数组第一个元素'A'的 ASCII 码值为 65（对应的二进制表示为 01000001），数组第二个元素'B'的 ASCII 码值为 66（对应的二进制表示为 01000010），数组的元素在内存中连续存放，因此数组 s 在内存中的存储方式如图 3.2 所示。

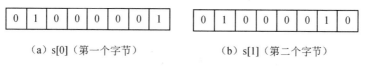

（a）s[0]（第一个字节）　　　　（b）s[1]（第二个字节）

图 3.2　数组 s 在内存中的存储方式

现在我们知道，内存中存在连续的两个字节存放着数组 s，这两个字节的内容是 01000001 和 01000010。回到示例代码 3.1，在第 6 行，我们定义了一个短整型指针，指针的值是数组 s 的地址，也就是数组 s 第一个元素的地址，在笔者的编译环境中，short 类型占两个字节。读者也许还不理解指针是什么意思，接着看示例代码 3.1 第 7 行，我们将指针所指的内容打印到屏幕。结合看第 6 行和第 7 行代码，我们做的其实是将数组 s 所占用的两个字节的内容看成是存放着一个 short 类型的值，然后将这个值输出到屏幕，由于笔者运行代码的 CPU 采用小端序存储，即低地址存放低位值，高地址存放高位值，因此输出的 short 类型的值为 16961（16961=66×256+65）。关于大端序、小端序的知识，读者可以参考本节最后部分。

通过这个例子，读者应该已经发现数据类型的作用了。对于内存中存放的两个字节的内容，计算机可以将其理解为两个 char 类型的值，也可以将其理解为一个 short 类型的值，我们需要告诉计算机如何去解析内存中存放的内容，如何去告诉呢？这正是数据类型要完成的任务。当我们定义了一个 char 类型的变量时，计算机在分配内存给变量的时候同时记住了这片内存中存放的是怎样一类数据。再举一个例子，对于一个字节的内容 01000001，计算机可以将其理解为一个 byte 类型的值，即 65，也可以将其理解为一个 char 类型的值，即'A'。

▷▷▷ C++中的基本数据类型

在理解了数据类型之后，我们先看一下 C++中的基本数据类型。C++中定义了一组表示整数、浮点数、单个字符和布尔值的算术类型，算术类型的存储空间依机器而定。这里的存储空间是指用来表示该类型的二进制位数。C++标准规定了每个算术类型的最小存储空间，但它并不阻止编译器使用更大的存储空间。因为位数不同，这些类型所能表示的最大值和最小值也因机器的不同而有所不同。表 3.1 列举了 C++中各种基本数据类型，包括占用的空间大小（C++标准规定的最小存储空间）以及取值范围。

表 3.1　C++中的各种基本数据类型

类　　型	最小存储空间	取　值　范　围
bool	1 字节	true/false
char	1 字节	signed: −128～127 unsigned: 0～255
short	2 字节	signed: −32768～32767 unsigned: 0～65535
int	2 字节	signed: −32768～32767 unsigned: 0～65535

续表

类　　型	最小存储空间	取　值　范　围
long	4 字节	signed: −2147483648～2147483647 unsigned: 0～4294967295
float	4 字节	1.4E−45～3.4E38（负数：−3.4E38～−1.4E−45）
double	8 字节	4.9E−324～1.79E308（负数：−1.79E308～−4.9E−324）
long double	8 字节	−1.79E+308～+1.79E+308

▶▶▶ Java 中的基本数据类型

Java 的基本数据类型区别于 C++的基本数据类型的地方是，Java 中的基本数据类型所占的存储空间是固定的，不会因为机器的不同而不同，这是因为 Java 程序运行在 JVM（Java Virtual Machine）之上，从而使得运行环境与平台无关。

Java 基本类型共有 8 种，可以分为三类，字符类型 char，布尔类型 boolean 以及数值类型 byte、short、int、long、float、double。Java 中的数值类型不存在无符号的，且取值范围是固定的。实际上，Java 中还存在另外一种基本类型 void，不过我们无法直接对它们进行操作。表 3.2 列举了 Java 中的 8 种基本数据类型，包括占用的空间大小以及取值范围。

表 3.2　Java 中的各种基本数据类型

类　　型	存　储　空　间	取　值　范　围
boolean	1 字节	true/false
char	2 字节	0～65535
byte	1 字节	−128～127
short	2 字节	−32768～32767
int	4 字节	−2147483648～2147483647
long	8 字节	−9223372036854775808～9223372036854775807
float	4 字节	1.4E−45～3.4E38（负数：−3.4E38～−1.4E−45）
double	8 字节	4.9E−324～1.79E308（负数：−1.79E308～−4.9E−324）

▶▶▶ 大端序与小端序

字节序又称端序、尾序。在计算机科学领域中，字节序是指存放多字节数据的字节的顺序。如果数据都是单字节的，那就无所谓数据内部的字节顺序了；但是对于多字节数据，比如 int、double 等，就要考虑数据内部字节的顺序了。常见字节序包括以下两种：

（1）大端序：数据的高位字节存放在低地址端，低位字节存放在高地址端。

（2）小端序：数据的高位字节存放在高地址端，低位字节存放在低地址端。

为了直观地理解字节序，我们以一个 long 类型的数据为例，查看该数据在不同字节序中存储的方式。现在定义一个 long 类型数据 0x12345678（十六进制表示，关于进制的知识读者可以参考第 4 节），该数据在内存中一共占用了 4 字节。

在大端序存储数据的机器中，该数据从内存低地址到内存高地址的四个字节分别存放的值为 0x12、0x34、0x56、0x78，如表 3.3 所示。而在小端序存储数据的机器中，该数据从内存低地址到内存高地址的 4 字节分别存放的值为 0x78、0x56、0x34、0x12，如表 3.4 所示。

表 3.3　大端序数据存储方式

地址	0x4000	0x4001	0x4002	0x4003
内容	0x12	0x34	0x56	0x78

表 3.4　小端序数据存储方式

地址	0x4000	0x4001	0x4002	0x4003
内容	0x78	0x56	0x34	0x12

4.　如何阅读项目源码？

每一个程序员都有阅读项目源码的经历，很多初学者在第一次阅读项目源码时都会产生一个疑问，面对规模庞大的项目源码，到底应该从何处下手？本节要回答的便是如何阅读源码这个问题。

▶▶▶ 明确目的

在开始之前，我们应该首先明确自己阅读项目源码的目的。有些程序员是需要维护这个项目，例如修正项目中的 bug，或是为项目扩展新的功能；有些程序员是需要对这个项目加以利用，避免重复造轮子；有些程序员是为了提高自己的代码质量，而去阅读优秀项目的源码。首先要说明的是，尽管我们将优秀的代码比作文章，但代码毕竟不是小说一样的读物，如果是为了读代码而去读代码，在一个庞大的项目面前，相信很难有人能够坚持下来。因此我们必须要明确自己阅读源码的目的，这样才能有针对性地解决问题，同时，明确的需求也是我们阅读源码的动力来源。

▷▷▷ 阅读方法

阅读源码遵循的一个原则是自顶向下，首先树立对项目的整体认识，然后进入项目的模块乃至函数层面的细节部分。因此，如果拥有项目相关的资料与文档，例如概要设计文档、详细设计文档、测试文档等，阅读源码就可以事半功倍。如果没有项目文档，我们可以首先查看项目的架构，项目中文件夹的划分往往表示模块划分，通过对目录结构的梳理我们也能对项目形成初步认识。另外，当前层级目录中的 readme 文件也是重要的说明文件。

在阅读了项目相关的资料与文档之后，我们对项目整体有了初步的认识，下面就要开始源码的阅读了。从哪里开始阅读呢？首先需要明确我们关心的模块，找到项目中相关的功能模块，从该模块开始阅读，而不是阅读与所需功能无关的模块。在锁定了模块之后，就要开始寻找程序入口的地方，例如对于 C++和 Java，入口函数是 main 函数，找到了程序开始的地方，我们就能顺着程序的主线梳理核心的代码逻辑了。

阅读源代码应该遵循先整体后部分的原则，而不是一头扎入细节，即阅读的方法应类似于广度优先遍历，而不提倡深度优先遍历。程序的主体是层次最高的代码，往往比较简单，调用的函数往往也较少，根据所调用的函数名以及层次关系一般可以确定每一个函数的大致用途。在理解了程序主体的核心逻辑之后，可以依次阅读程序主体调用的层级较低的模块和函数，分层阅读时，需要注意区分系统函数和开发人员编写的函数，注重阅读开发人员编写的函数。在阅读代码的过程中，不能指望阅读一遍即能掌握，反复的阅读可以加深对于代码逻辑的理解。如果程序的逻辑较为复杂，还可以考虑画出函数的调用关系图，变量的变化方式等。

▷▷▷ 编译运行

想要理解代码，只通过阅读是不够的，最好的方式是运行代码，这就需要我们学会调试，对调试的内容感兴趣的读者可以阅读第 5 节。在阅读代码时，我们可以在关注的地方设置断点，调试程序运行到断点处，查看此时的调用栈以及各变量值的变化情况。单元测试是理解源码的另一个有效渠道，单元测试中的测试用例能够反映代码作者对于测试用例经过程序执行后的期望结果，读者往往可以通过单元测试加深对源码程序逻辑的理解。

▷▷▷ 编码之道

最后，每个程序员在阅读项目源码之后都应该学习其中优秀的代码编写之道，例如对于设计模式的应用，良好的编程习惯等。在之后自己编写代码的过程中，严格要求自己的代码质量，因为我们的代码一定会在将来被其他人或者自己反复阅读。刚入门的程序员往往只将功能的实现放在第一位，而忽略了我们会花费很长时间阅读我们自己写过的代码，忽视代码质量只会让一个项目变得越来越臃肿和耦合，想要再维护就会花费大量的精力。为了避免破窗效应，我们应该在编写项目的最开始就严格要求代码质量，并自始至终贯彻这一原则。

5. 如何调试程序？

编程遇到 bug 是令每个程序员头疼的事情，初学者查找 bug 的一个常见方式就是在代码中添加输出语句，将自己想要观察的变量的值打印到控制台上，尽管这是一个非常原始的方法，但很多同学发现这种方法行之有效之后就养成了用这种方式查找 bug 的习惯。然而每一次都要添加和删除输出语句的做法实在是非常笨拙，那么到底应该如何进行调试呢？

本节选择 Java 作为示例语言，选择 Eclipse 作为集成开发环境介绍调试的方法。即使读者使用的是其他语言，阅读本节同样可以帮助其掌握调试的基本思想。

示例代码 5.1

```java
package program.chapter5;
public class Code1
{
    public static void main(String[] args){
        for(int i = 1; i <= 100 ; i++){
            if(isPrime(i)){
                System.out.println(i);
            }
        }
    }

    private static boolean isPrime(int num){
        if(num == 1){
            return false;
        }
        int max = (int)Math.sqrt(num);
        for(int i = 2; i <= max; i++){
            if(num % i == 0){
                return false;
            }
        }
        return true;
    }
}
```

▷▷▷ 设置断点

以下我们将通过示例代码 5.1 说明如何调试 Java 代码。示例代码 5.1 的作用是在控制台输出 1～100 中所有的素数，main 函数遍历 1～100，通过调用 isPrime 函数判断该数是否为素数，如果是素数就打印到控制台。isPrime 函数判断一个数是否为素数的方法是，查找该数是否有除了 1 和自身以外的约数，如果不存在其他约数，则说明该数为素数，函数返回 true，否则返回 false。

调试的第一步是设置断点，程序运行到断点时就会暂停并且进入调试模式。我们可以在代码中任何自己关心的地方设置断点，设置的方法是在该行代码的左边栏双击，之后左边栏就会出现一个圆点，如图 5.1 所示，我们在 if 语句处设置了断点。

```java
Code1.java ⌧
 1  package program.chapter5;
 2  public class Code1
 3  {
 4      public static void main(String[] args){
 5          for(int i = 1; i <= 100 ; i++){
 6              if(isPrime(i)){
 7                  System.out.println(i);
 8              }
 9          }
10      }
11
```

图 5.1　在代码第 6 行设置断点

当程序运行到第 6 行 if 语句处时就会暂停，在此之后想要让程序继续执行需要通过单步调试来实现。而程序一旦暂停之后，我们就能观察特定时刻程序中各个变量的值，这样我们就不需要通过输出语句来观察变量了。如果我们设置的是普通断点，那么程序在第一次运行到该行代码处就会暂停，示例中也就是 for 循环中的第一次循环。我们还可以设置条件断点，设置的方法是右击断点，选择 Breakpoint Properties，如图 5.2 所示，我们将 Hit Count 设置为 20，这就表示该循环执行到第 20 次时才会暂停，在此之前的循环不发生暂停，这就是条件断点。

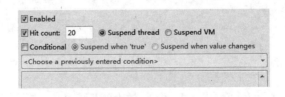

图 5.2　通过 Hit Count 设置条件断点

我们也可以不设置 Hit Count，而是通过条件来实现同样的作用，使得循环执行到第 20 次时才暂停，如图 5.3 所示。勾选 Conditional，Suspend when true，并将条件设置为 "i == 20"，表示 "i == 20" 这一条件为真时程序暂停。

图 5.3　通过 Conditional 设置条件断点

▷▷▷ 开始调试

在设置完断点之后就可以开始调试了，进入调试的方法是单击调试按钮，或者右击断点，选择 Debug as→Java Application。Eclipse 就会进入调试模式，如图 5.4 所示，视图一共被分为 5 个区域，对应图中的序号，分别如下。

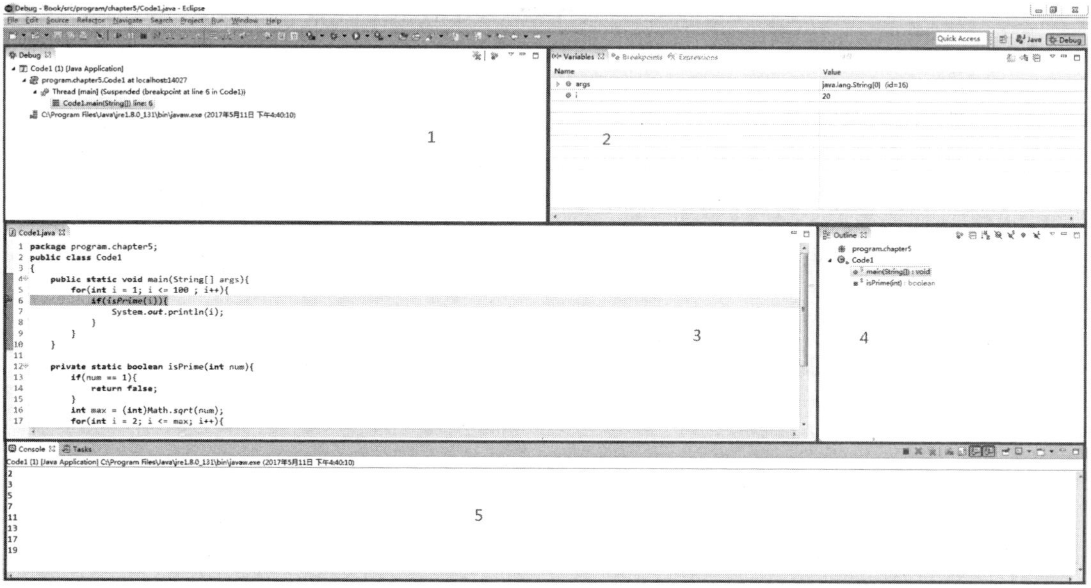

图 5.4　调试模式视图

（1）线程堆栈区域：表示当前线程的堆栈，从中可以看出正在运行的代码与行号，以及整个调用过程。

（2）变量视图区域：该区域包括三个视图，变量视图显示当前代码行中所有可以访问的实例变量和局部变量，断点视图显示当前代码的所有断点位置，而在表达式视图中，用户可以对自己感兴趣的一些变量进行观察，也可以增加一些自己设定的表达式对其值进行观察。

（3）代码区域：该区域显示程序代码。

（4）代码结构区域：该区域显示代码中的各种函数方法。

（5）控制台区域：该区域显示控制台信息，用户可以打印内容到控制台。

进入调试后，程序在设置的条件断点（i == 20）处暂停，让我们来观察一下变量视图区域与控制台区域。图 5.5 显示了变量视图区域，在变量视图中，我们可以观察到 for 循环中定义的变量 i。由于我们设置了条件断点，程序暂停时 i 为 20。图 5.6 显示了控制台区域，我们可以观察到程序在暂停之前输出了 1～20 中的所有素数，输出符合我们设置的条件断点。

Name	Value
▷ ● args	java.lang.String[0] (id=16)
● i	20

图 5.5　进入调试后的变量视图区域

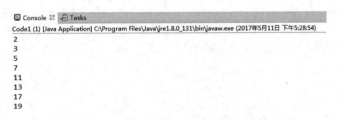

图 5.6　进入调试后的控制台区域

▷▷▷ **调试方法**

程序暂停之后，就需要通过单步调试让程序继续执行下去了，所谓的单步调试，就是每一步只执行程序的一行命令，主要的调试方法如表 5.1 所示。

表 5.1　主要的调试方法、快捷键及其含义

调 试 方 法	快　捷　键	含　　义
Step into	F5	单步执行程序，遇到方法时进入
Step over	F6	单步执行程序，遇到方法时跳过
Step return	F7	单步执行程序，从当前方法跳出
Resume	F8	直接执行程序，遇到下一个断点时暂停
Terminate	Ctrl+F2	停止调试，程序将停止运行
Drop to frame		跳回正在执行的方法的第一行代码重新开始执行

接下来通过示例代码 5.1 讲解上述主要调试方法。首先是 Step into，即单步进入，程序暂停后，我们按下快捷键 F5，程序就会开始一行一行执行，由于遇到了函数 isPrime，单步进入会让我们的执行进入 isPrime 函数内部，于是程序执行到第 13 行，如图 5.7 所示。

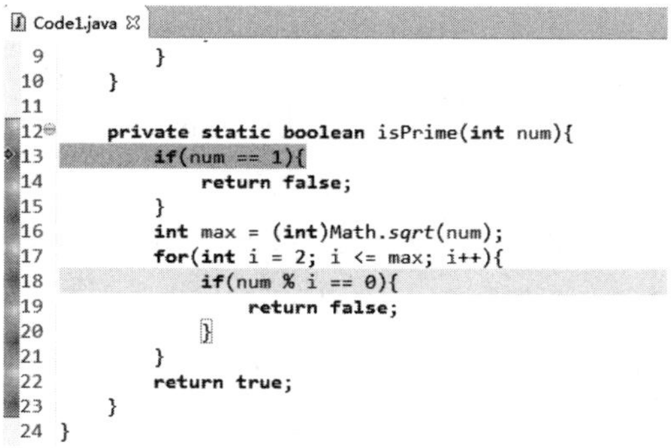

```
Code1.java
 9        }
10    }
11
12    private static boolean isPrime(int num){
13        if(num == 1){
14            return false;
15        }
16        int max = (int)Math.sqrt(num);
17        for(int i = 2; i <= max; i++){
18            if(num % i == 0){
19                return false;
20            }
21        }
22        return true;
23    }
24 }
```

图 5.7　调试从 main 函数进入 isPrime 函数内部

接下来可以继续通过 F5 键单步执行，当程序运行到第 17 行时，我们可以在变量视图区域发现新增了变量 max，其值为 4，如图 5.8 所示。

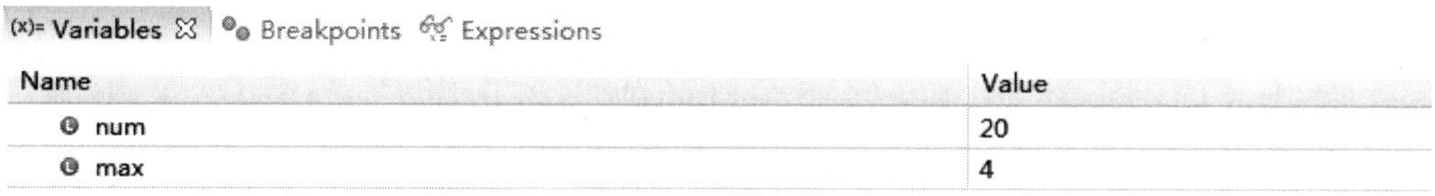

(x)= Variables　　Breakpoints　　Expressions

Name	Value
num	20
max	4

图 5.8　进入 isPrime 函数内部调试时的变量视图区域

当程序运行到第 17 行时，我们通过 F7 键执行 Step return，这一调试方法的作用是使得当前所在方法直接执行完毕，因此程序将 isPrime 方法执行完毕后直接返回 main 函数第 6 行，如图 5.9 所示。

刚才我们已经学习了 Step into 的方法，读者或许在想，调试程序的时候可不可以不进入 isPrime 方法的内部，而只是在 main 函数的层面进行单步调试呢？答案是肯定的，这就是 Step over。Step over 同样是单步执行程序，但是遇到方法不会进入方法内部。示例代码 5.1 中，在第 6 六行按下 F6 键，程序将在执行完 isPrime 方法后暂停。

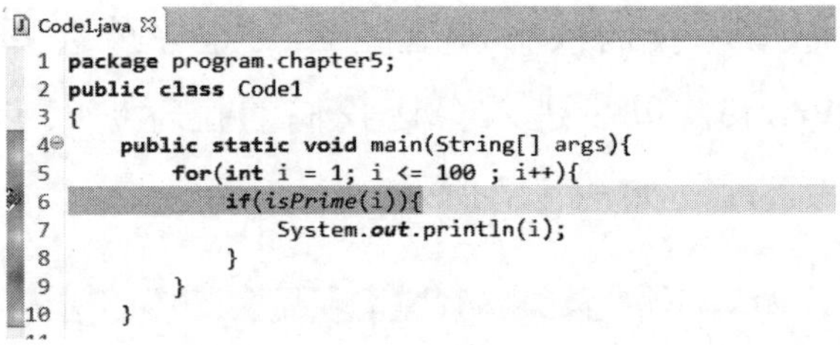

```java
package program.chapter5;
public class Code1
{
    public static void main(String[] args){
        for(int i = 1; i <= 100 ; i++){
            if(isPrime(i)){
                System.out.println(i);
            }
        }
    }
```

图 5.9　调试从 isPrime 方法返回 main 函数内部

Resume 和 Terminate 比较容易理解，Resume 表示让程序继续执行，直到下一个断点处才会暂停。Terminate 方法表示让程序终止运行。

Drop to frame 调试方法比较特别，该方法可以在当前线程的栈帧中回退，可以退回到当前线程的调用开始处。回退时，在需要回退的线程方法上右击，选择 Drop to frame。以示例代码 5.1 为例，当我们通过 F5 键使程序暂停在 isPrime 函数中间时，执行 Drop to frame 则会让调试重新从 isPrime 函数的起始处执行，所有内存中变量的值都会回退到函数开始的时候。

▷▷▷ 其他调试技巧

在调试过程中，我们可以修改变量的值。还是以示例代码 5.1 为例，在设置条件断点后，程序暂停，此时变量 i 的值为 20。我们在变量视图区域右击变量 i，选择 Change Value，就可以修改变量 i 的值了，如图 5.10 所示。

调试时，我们还可以随时监测表达式的值，选中代码中的表达式，右击选择 Watch，就可以在 Expressions 视图中看到该表达式的值了。

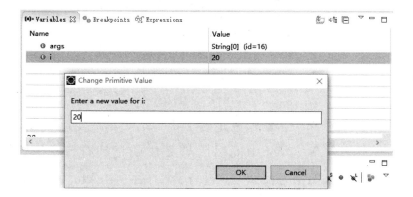

图 5.10　在调试过程中修改变量的值

二、内存模型

6. 变量和对象存储在哪里？理解栈和堆

我们在编程过程中不断地定义各种类型的变量，在面向对象的语言中，我们还会经常通过 new 关键字生成对象。通过第 3 节的学习，我们已经理解了数据类型，但对于这些数据在内存中是如何存储的可能还存有疑问。变量和对象存储在哪里？答案是栈和堆。经常有人直接把内存区分为栈内存和堆内存，这种方法比较粗糙，内存区域的划分实际比这复杂得多，但这种说法可以反映出与变量和对象的分配关系最为密切的内存区域是这两块。通过学习本节，读者会对栈和堆形成深刻的理解，熟悉内存模型是对一个程序员的基本要求，也是非常重要的一个要求。

▷▷▷ **进程地址空间**

在学习栈和堆之前，让我们先看一下 Linux 中的进程地址空间，从而对进程的内存布局有一个全局的认识。图 6.1 展示了 Linux 中的进程地址空间。

Linux 操作系统的内存分为两大类，一类是内核空间，一类是用户空间，应用程序进程占用的内存在用户空间分配。一个 Linux 进程的地址空间分为

图 6.1 中显示的几个主要区域。

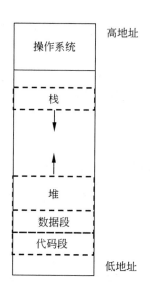

图 6.1　Linux 中的进程地址空间

（1）栈：由操作系统自动分配和释放，用于维护函数调用上下文，存储函数的参数值、局部变量等。使用一级缓存，调用速度较快。

（2）堆：应用程序动态分配的内存区域，一般由程序员分配和释放（C/C++），若程序员不释放，程序结束时由系统释放（Java）。使用二级缓存，调用速度较慢。

（3）数据段：该内存区域用于存放程序数据，包括未初始化数据段（即均被初始化为 0），初始化数据段。

（4）代码段：该段数据存放程序代码，具有执行权限，只读。

▷▷▷ 栈内存

栈在数据结构中是一种具有先进后出特点的有序队列，内存中的栈的操作方式类似于数据结构中的栈。将栈的操作方式比作一堆碗碟，我们拥有两种操作方式：可以在当前碗碟的顶部堆放一个新的碗碟，也可以将最顶上的碗碟取出，先堆进去的碗碟在最下面，最后才能取出。因此栈具有先进后出的特点，先入栈的元素后出栈。在碗碟的比喻中，这个栈的扩展方向是朝上的，而在 Linux 进程地址空间中，栈内存的扩展方向是自顶向下的，如图 6.1 所示。

想要理解栈内存的工作原理，必须首先了解栈帧（Stack Frame），栈帧保存了一个函数调用的所有相关信息，每一个函数从调用到执行完毕的过程，对应了一个栈帧在栈内存中入栈到出栈的过程。一个栈帧主要包括以下几部分内容：

（1）函数参数，该部分存储函数的实参。

（2）函数返回地址，前一个栈帧的指针。该部分存储恢复前一个栈帧所必需的数据。

（3）函数的局部变量。

（4）保存的上下文，即在函数调用前后需要保持不变的寄存器。

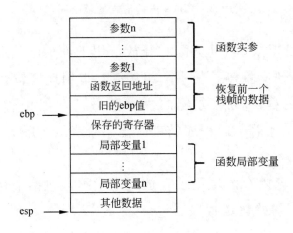

图 6.2　栈帧的结构

图 6.2 展示了栈帧的结构，一个栈帧维护了一个函数调用的所有信息。一个栈帧维护了两个指针，分别是 ebp 寄存器和 esp 寄存器。ebp 是栈帧指针，该值指向了函数栈帧的一个固定位置，不随函数的执行变化。esp 是栈帧栈顶指针，始终指向栈顶，会随函数执行不断变化。因此，ebp 可以用来唯一标识一个栈帧的位置。在图 6.2 中可以看到有一个地址保存了旧的 ebp 的值，

该值就是为了让当前被调用函数执行完毕后能够找到调用函数的栈帧，从而找到调用函数的所有相关信息。从 ebp 正向偏移可以首先看到存放了函数的返回地址，函数的返回地址就是调用完该函数之后要执行的下一条指令的地址。再向上可以看到存放了函数实参。从 ebp 负向偏移可以看到存放了函数调用前后需要保持不变的寄存器，以及函数的局部变量。

一个函数 A 的调用及其栈帧形成的过程如下：首先将函数 A 的参数依次（C 语言中依照反向压栈顺序）入栈，接着将当前指令的下一条指令的地址（即函数 A 的返回地址）入栈，下面就开始执行函数 A，依次将函数 A 的局部变量入栈。当函数 A 执行完毕，ebp 恢复为旧的 ebp 的值，函数 A 的栈帧被销毁，此时栈内存栈顶为调用 A 的函数的栈帧，所以函数的参数和局部变量的作用域仅仅存在于函数内部。本书的第 7 节有函数调用及其栈帧形成的具体示例，读者可以通过阅读第 7 节加深对栈内存工作机制的理解。

▶▶▶ 堆内存

由于栈帧的数据在函数返回的时候就被销毁了，函数内部的数据无法被传递到函数外部，仅仅用栈来存储数据是不能满足编程的需求的。因此，堆内存应运而生。

如图 6.1 所示，堆内存的空间从低地址向高地址扩展，堆的存储空间较栈要大得多。堆内存的空间都是动态分配的，由于大量使用 new 和 delete，堆内存中更容易出现内存碎片。

程序员可以随时在堆内存中申请空间。在 C++中，程序员通过 new 或 malloc 动态申请堆内存空间，而当程序员不再需要这片内存空间时，需要通过 delete 或 free 主动释放这片空间。由于程序员可能忘记释放内存这一操作，因此容易出现内存泄漏的问题，关于内存泄漏的定义读者可以阅读本书第 10 节。Java 针对此问题作了改进，在 Java 中，程序员通过 new 申请堆内存空间，而当这一内存空间不再需要时，程序员无须主动释放，Java 虚拟机会对堆内存中的对象实施垃圾回收机制，这些不再需要的内存会由 Java 虚拟机自行回收并得到再次利用。本书第 10 节还详细介绍了 Java 中的垃圾回收机制。

▷▷▷ Java 内存分区

接下来我们将学习 Java 的内存分区，分析 Java 示例代码中的各个变量和对象分别是如何存储的。

JVM 运行时数据区如图 6.3 所示，JVM 运行时会将它所管理的内存划分为若干不同区域，其中，Java 堆内存与方法区是由所有线程共享的数据区，而虚拟机栈、本地方法栈、程序计数器是线程隔离的数据区，各线程之间互不影响，各自独立，这些区域是线程私有的内存。

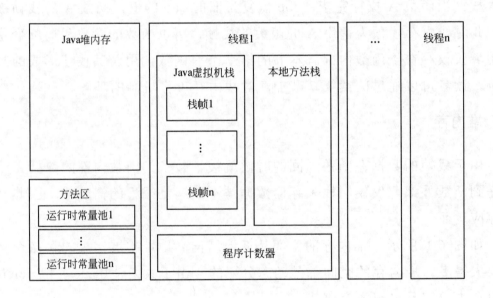

图 6.3　JVM 运行时数据区

Java 堆内存是 JVM 管理的内存中最大的区域，几乎所有的对象实例（通过 new 生成的对象）和数组都在这里被分配内存。Java 堆内存是垃圾收集器管理的主要区域，因此这一区域细分为"新生代"和"老生代"，其中新生代又被进一步划分为 Eden 区、From Survivor 区与 To Survivor 区。这样划分的目的是为了使 JVM 能够更好地管理堆内存中的对象，包括内存的分配以及回收。

方法区用于存储类信息、运行时常量、静态变量等。很多程序员将这一区域称为"永久代"，严格说这两者并不等价。这一区域的垃圾回收较少出现，但并非所有数据进入方法区就不会被回收了。运行时常量池是方法区的一部分，该区域用于存放编译期生成的各种字面量和符号引用。

程序计数器是一片较小的内存空间，该区域记录正在执行的虚拟机字节码的地址。JVM 在切换线程时为了恢复到对应线程的执行位置，需要查看程序计数器。

Java 虚拟机栈就是 Java 中的栈内存，该区域是线程私有的，生命周期与线程相同。Java 虚拟机栈主要存储了函数的局部变量，包括各种基本数据类型和引用类型（不同于对象本身，对象本身存储在堆内存中），这些局部变量存在于函数对应的栈帧中，作用域为函数。

本地方法栈类似于 Java 虚拟机栈，区别在于，虚拟机栈执行的是 Java 方法，而本地方法栈执行的是 Native 方法服务。

▷▷▷ 变量和对象存储在哪里？

示例代码 6.1

```
package program.chapter6;
public class Code1 {
    public static void main(String[] args){
        int num = 10;
        Object ref = new Object();
    }
}
```

为了更好地理解本节一开始提出的问题"变量和对象存储在哪里"，我们不妨结合示例代码 6.1 来最后总结一下这个问题的答案。

在示例代码 6.1 的第 4 行，我们首先定义了一个 int 类型的局部变量 num，根据本节的内容可知，该局部变量存储在 main 函数对应的栈帧中。

在示例代码 6.1 的第 5 行，我们先来看等号右边的内容，这里通过 new

Object()我们生成了一个 Object 类型的对象，该动态生成的对象存储在 Java 堆内存中。但第 5 行代码不止生成了对象，我们再来看等号左边的内容，这里定义了一个 Object 类型引用 ref，值得注意的是，ref 本身不是对象，而是一个引用。*Thinking in Java* 一书将引用比作遥控器，将对象比作电视机，程序员所有对于电视机的操作都是通过遥控器实现的。在这一行代码中，ref 引用实际上存储着等号右边生成的 Object 类型对象在堆内存中的地址，有了这个对象的地址，我们就能够操纵该对象了。引用类型不同于对象，引用存储在栈内存中，示例代码中 ref 引用存储在 main 函数对应的栈帧中。引用和对象的关系如图 6.4 所示。关于 Java 中引用与对象的更多知识，读者可以阅读本书第 9 节。

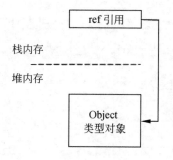

图 6.4　引用和对象的存储关系

7.　什么是 stackoverflow 异常？

在编程的时候我们也许遇到过 stackoverflow 异常，这个异常是如何产生的？stackoverflow 的意思是栈溢出，这是一个与栈内存相关的异常现象。在第 6 节中，我们已经学习了栈内存和堆内存。本节中，我们将进一步探究与函数调用同步的栈帧入栈出栈过程，从而解释 stackoverflow 异常是如何产生的。

▷▷▷ 栈内存工作机制

我们接着第 6 节关于栈帧的知识深入介绍栈内存的工作机制，该工作机制用一句话总结就是，每一个函数从调用到执行完毕的过程对应了一个栈帧在栈内存中入栈到出栈的过程。我们以示例代码 7.1 为例说明栈内存的工作机制，calculate 函数首先计算 a 与 b 的和，之后计算该和与 c 的乘积。

示例代码 7.1

```
int sum(int a, int b){
   return a + b;
}

int calculate(int a, int b, int c){
   return sum(a, b) * c;
}

int main(){
   int x = calculate(1, 2, 3);
   return 0;
}
```

当 main 函数开始执行时，main 函数对应的栈帧在栈内存中被创建，如图 7.1 所示。

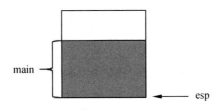

图 7.1　calculate 函数调用之前的栈

当 calculate 函数被调用时，main 函数首先将 calculate 的三个参数（a = 1，

b = 2，c = 3）反序压栈。在参数入栈之后，需要压入函数返回地址，也就是 calculate 函数调用完毕之后执行的下一条指令的地址，这样 main 函数才能继续执行下去。

在将函数参数和返回地址压栈之后，下面需要将旧的 ebp 寄存器的值压栈，旧的 ebp 是用来访问调用函数（即 main 函数）的栈帧的，保存该值是为了在 calculate 调用完毕之后，恢复调用函数的栈帧。随后将寄存器的值、calculate 函数的局部变量、其他数据压栈。此时栈的结构如图 7.2 所示，为简便起见，图中未给出入栈的通用寄存器的值以及其他数据。

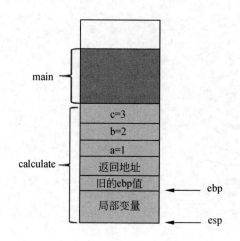

图 7.2　程序进入 calculate 函数之后的栈

在进入 calculate 函数之后，又发生了一个函数调用，即 calculate 函数调用了 sum 函数。因此和图 7.2 展示的 calculate 函数栈帧形成的过程一样，sum 函数的栈帧也形成并压栈。此时 calculate 函数尚未调用完毕，calculate 函数的栈帧不出栈，sum 函数的栈帧直接压栈。sum 函数的栈帧形成经历了同样的过程：函数参数压栈，返回地址压栈，旧的 ebp 值（用于保存 calculate 函数的栈帧位置）压栈，局部变量压栈，通用寄存器和其他数据压栈。程序进入 sum 函数之后的栈结构如图 7.3 所示。

以上便是示例代码 7.1 中栈帧的建立过程，每一个函数被调用，对应了一个栈帧在栈内存中入栈的过程。由于示例代码 7.1 最深的函数调用为 main 函数调用 calculate 函数，calculate 函数调用 sum 函数，因此栈内存中最多时只有三个栈帧。

接下来，当 sum 函数调用完毕后，sum 函数的栈帧就会出栈，此时栈内存的结构如图 7.4 所示，类似于程序进入 sum 函数之前的栈内存结构。

之后，calculate 函数继续执行，当 calculate 函数调用完毕后，calculate 函数的栈帧也出栈，此时栈内存的结构如图 7.5 所示，类似于程序进入 calculate 函数之前的栈内存结构。

以上便是示例代码 7.1 中栈帧的销毁过程，每一个函数执行完毕，对应了一个栈帧在栈内存中出栈的过程。

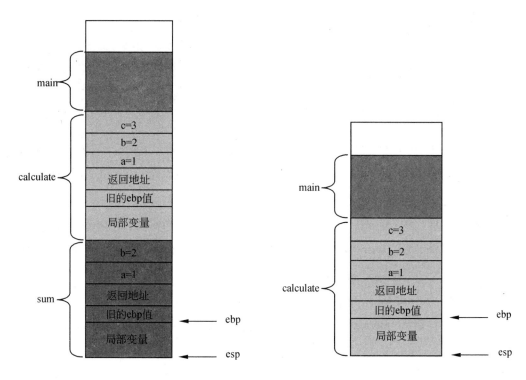

图 7.3　程序进入 sum 函数之后的栈　　　图 7.4　sum 函数调用完毕后的栈

我们通过示例代码 7.1 说明了栈内存的工作机制，每一个函数从调用到执行完毕的过程，对应了一个栈帧在栈内存中入栈到出栈的过程。

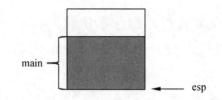

图 7.5 calculate 函数调用完毕后的栈

▷▷▷ **stackoverflow 异常**

示例代码 7.2

```
void recursion(){
    recursion();
}

int main(){
    recursion();
    return 0;
}
```

栈内存的大小是有限的，且通常比堆内存小得多。随着函数调用深度的增加，栈内存中栈帧的数目越来越多，当栈帧所需的空间超过栈内存的大小限制时，就会发生 stackoverflow 异常。示例代码 7.2 就是一段会发生stackoverflow 异常的代码，该代码中 recursion 函数递归调用自身，且没有终止条件，因此会在栈内存中不断形成栈帧并压栈，直到栈内存不再能够容纳不断压入的栈帧，stackoverflow 异常就会发生。

类似于栈内存溢出，堆内存也会发生溢出的情况。在 Java 中，栈内存溢出一般抛出 StackOverflowError，堆内存溢出一般抛出 OutOfMemoryError。

8. 指针究竟是什么？

指针究竟是什么？这应该是每一个初学指针的同学都会产生的一个困

惑。有些人说，指针指向了某个变量，也有些人说，指针存储了某个变量的地址。指针是如何在内存中存储的？弄清楚了这个问题，相信就不会再对指针产生任何疑惑了。

▷▷▷ 指针是一种数据类型

首先要说明的是，指针并没有什么特别的，也是一种数据类型，有了这样的认识以后，再来学习指针，就简单多了。很多同学接触 C 语言的指针时，会觉得*、&等符号特别陌生，但其实如果能够和其他数据类型（如 int）进行一个类比，学习起来就会非常轻松。

定义一个整型变量：

```
int x = 64;
```

我们知道，这条语句定义了一个整型变量 x，其中 int 说明了这个变量的类型，x 是变量名，而等号右边的数则是这个变量的值。

接着上一条语句，我们定义一个整型指针：

```
int* p = &x;
```

通过类比上一条语句，我们可以知道，这条语句定义了一个指向整数的指针类型变量 p，其中 int*说明了类型（即指向整数的指针类型），p 是变量名，而等号右边的表达式则是这个变量的值，即整型变量 x 的地址。&x 表示对 x 进行取地址操作，任何数据在内存中存储都是有地址的，而&就表示获取该变量的地址。

由此可知，指针是一种类型，根据所指向内容的类型的不同也分为多种对应的类型。我们所说的"指向"，其实是一种形象的说法，指针作为一种数据类型，保存的值是其他数据的地址，通过该地址我们就能访问其他变量，因此形象地用"指向"来说明指针的作用。既然指针也是一种数据类型，根据第 3 节的知识可知，指针在内存中的存储也遵循同样的规则，只不过系统将这一片内存的值解释为变量的地址。接下来我们就来看看指针在内存中是如何存放的。

▷▷▷ 指针在内存中的存储

我们可以将内存想象成一个个有序排列的抽屉，每一个抽屉都有一个编号，也就是该抽屉的地址。我们定义的变量就被存放在不同的抽屉中。

图 8.1 展示了内存的结构，每一格表示一个内存单元，格子下方的数字表示该内存单元的地址。变量 x 的值为 64，存储在地址为 0x02 的内存单元中。

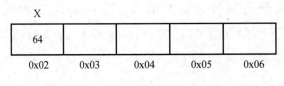

图 8.1　内存结构示意图

接下来我们定义了一个指向 x 的指针变量 p，于是内存结构变为图 8.2 所示。指针也是一个数据类型，因此我们为指针变量 p 分配内存空间，p 存储在地址为 0x06 的内存单元中，该变量的值为 0x02，即变量 x 所在的内存地址。在本例中，&x 表示变量 x 的地址，该值为 0x02。

我们有时候也会看到这样的语句：

```
*p = 128;
```

*是间接寻址运算符，当它作用于指针时，将访问指针所指向的对象。*p 表示 p 所指向的变量，在本例中*p 即为变量 x，经过赋值语句后，x 的值将变为 128。

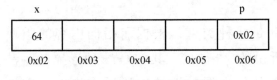

图 8.2　内存结构示意图 2

▷▷▷ 指针的指针

比指针稍微再复杂一点的概念应该就是指针的指针了，听上去有点绕，但其实掌握了基本概念，指针的指针也不难理解。所谓指针的指针，本质上还是一个指针，只不过相较于其他指针指向基础数据类型，该指针指向的是一个指针。

我们紧接着上文定义的指向整数的指针 p，继续定义一个指针的指针：

```
int** pp = &p;
```

同样通过类比，我们可以知道，这条语句定义了一个指向整型指针的指针类型变量 p，其中 int**说明了类型（即指向整型指针的指针类型），pp 是变量名，而等号右边的表达式则是这个变量的值，即指针变量 p 的地址。图8.3 展示了当前情况的内存结构示意图。

图 8.3　内存结构示意图 3

指针的指针 pp 存储在地址为 0x20 的内存单元中，该变量的值为 0x06，即指针变量 p 所在的内存地址。在本例中，&p 表示指针变量 p 的地址，该值为 0x06。

▷▷▷ 函数指针

函数指针也是一种指针变量，只不过相较于其他指针指向基础数据类型，该指针指向的是一个函数。C 语言中，每一个函数都有一个入口地址，该入口地址就是函数指针所保存的值。有了指向函数的指针变量后，就可以用该指针变量调用函数，就如同指针变量可以引用其他类型的变量一样。

示例代码 8.1

```
int sum(int a, int b){
    return a + b;
```

```
}

int calculate(int a, int b, int c, int (*function)(int , int)){
    return function(a, b) * c;
}

int main(){
    int (*p)(int, int) = sum;
    int x = calculate(1, 2, 3, p);
    return 0;
}
```

我们通过示例代码 8.1 说明函数指针的使用方法。在 main 函数中，我们首先定义了一个函数指针 p，该指针所指向的函数类型被明确定义，返回值为 int 类型，有两个 int 类型的参数，而指针 p 所指向的函数为 sum 函数，可以通过定义发现，函数名就表示了该函数的入口地址。calculate 函数的最后一个参数为函数指针，通过给 calculate 函数传入一个该类型的函数指针，calculate 函数就可以直接调用该指针所指向的函数，而不需要知道该函数的执行细节。在 main 函数中，我们向 calculate 函数传递了指向 sum 函数的指针，因此 calculate 函数在执行 function 函数时，就等价于在执行 sum 函数。

使用函数指针的好处包括：实现面向对象编程的多态性，实现回调函数。

▷▷▷ 指针和数组

在 C 语言中，指针和数组有着密切关系。当我们定义一个数组的时候，就会在内存中分配一片连续的地址用于存放数组的元素。例如，当我们声明 int a[5];时，就会在内存中分配如图 8.4 所示的空间。

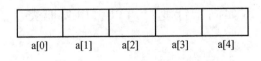

| a[0] | a[1] | a[2] | a[3] | a[4] |

图 8.4　数组在内存中的存储

我们可以定义一个指针指向数组 a 的首个元素：

```
int* q = &a[0];
```

以下这种方式也可以定义一个指针指向数组 a 的首个元素：

```
int* q = a;
```

上述两条语句是等价的，由此我们可以知道，数组类型的变量名就表示数组首个元素的地址。当我们有了指向数组首个元素的指针后，就可以让该指针指向数组的不同位置的元素。例如 q + i 就表示数组元素 a[i] 的地址，而 *(q + i) 就表示引用数组元素 a[i] 的值。

9. Java 中的引用与 C 中的指针有什么区别？

我们也许听到过这样的说法"Java 中没有指针"。可是经过学习，读者可能会觉得，Java 中的引用不就是指针吗？Java 中的引用和 C 中的指针究竟有什么区别？本节我们将通过深入学习 Java 的引用机制,探究 Java 的引用与指针有什么区别。

▶▶▶ Java 中的引用

在本书的第 6 节中，我们初步认识了 Java 的引用。当我们定义如下语句：

```
Object ref = new Object();
```

这条语句实际上在栈内存中生成了一个引用，在堆内存中生成了一个对象，如图 9.1 所示。

语句等号的左侧，我们实际上定义了一个引用，引用也是一个变量，其内存在栈中分配，图 9.1 的上半部分即为 ref 引用。语句等号的右侧，我们实际上生成了一个 Object 类型的对象，对象的内存在堆中分配，图 9.1 的下半部分即为 Object 类型对象。

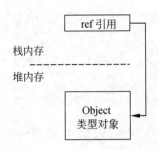

图 9.1　引用和对象的存储关系

Java 中采用 new 为对象分配空间，且所有对象分配的空间都属于堆内存。这是一种完全动态的内存分配方式。而为了操纵 new 生成的对象，我们必须定义引用。就像使用遥控器（引用）来操纵电视机（对象）一样，我们通过遥控器保持与电视机的连接。当我们想切换频道，实际上通过操纵遥控器（引用），再由遥控器（引用）操纵电视机（对象）实现的。

那么 Java 的引用是如何保持与对象的连接的呢？显然，引用是通过保存对象在堆内存中的地址来保持与对象的连接的。说到这里，读者一定想到了第 8 节中介绍的指针，指针保存的是一个变量的地址，通过对指针的引用，我们就能操纵指针指向的对象的内容了。Java 的引用和 C 中的指针都是基于地址实现对对象的"连接"和"跟踪"的，那么 Java 中的引用不就是 C 中的指针吗？那为什么有人说 Java 中不存在指针呢？Java 中的引用和 C 中的指针有什么区别呢？

▷▷▷ Java 中的引用与 C 中的指针的区别

我们首先来看一下 Java 中对引用一般的操作方式包括哪些。首先，我们可以定义引用指向一个对象：

```
Object ref = new Object();
```

我们还可以修改引用，让它指向另一个对象：

```
ref = new Object();
```

我们可以通过操作引用，从而调用对象的方法：

```
ref.toString();
```

在 Java 中，以上便是我们操作引用的主要方法了。总结而言，我们对引用所能进行的操作包括将引用指向任意一个类型符合的对象，通过引用调用对象的方法或数据。

接下来我们来看一下在 C 中能够对指针进行的操作：

首先定义一个指向 int 数组的指针：

```
int a[10];
int* p = a;
```

我们将指针 p 指向了 int 数组的第一个元素。在 C 中我们可以通过指针的运算使得该指针指向内存中的其他位置，例如：

```
p++;
```

这里，p 是一个指向数组中某个元素的指针，此时 p++ 将对 p 进行自增运算并将指向数组的下一个元素。我们还可以对指针进行加 i 的运算：

```
p+=i;
```

以上语句使指针指向当前元素之后的第 i 个元素。由此可见，指针可以进行与整数的加减运算。两个指针之间还可以进行大小比较的运算和相减运算等。同时，在 C 中，我们可以直接获取指针的值，即某个变量的地址。

通过对比不难发现，Java 中的引用实现方式尽管类似于指针，但引用能够进行的操作较少。不同于 Java 中的引用，C 中的指针可以直接获取所指向的地址值，可以进行加减算术运算，可以访问内存空间中的任意地址，更进一步，程序员可以通过 delete 随时释放指针所指向的内存空间。这些都是 Java 中的引用无法做到的。

C 中的指针与 Java 中的引用最大的区别在于，在 C 中，我们可以定义一个指针指向内存中的任何一个地址，即指针可以在操作系统所允许的内存中任意移动，如果操作不当，指针很可能会越界访问。C 语言的设计者在一开始的时候正是因为考虑到自由移动指针带来的便捷性，为程序员提供了这一强大的功能。尽管指针的灵活性非常好，但是程序员因为这一特征而导致的编程错误也不计其数。Java 的设计者便在引入引用的时候限制了其任意移动的功能，确切地说，程序员可以通过引用指向对应类型的对象，但是程序员不能任意移动引用指向内存的任意空间。因此，可以认为，Java 中引用实现的基本原理是基于指针的，但引用的功能远远弱于指针，可以认为是功能被限制了的指针。

10. 为什么 C++中 new 之后要 delete，Java 中却不需要？

通过第 6 节的学习，我们已经知道，C++和 Java 中 new 生成的对象存储在堆内存中，而不是栈内存中。栈内存的垃圾回收机制是由系统负责的，不需要程序员来维护，随着函数调用的结束，栈帧就会被销毁，局部变量占用的内存将被释放，这一部分内容在第 7 节中已经讨论过。那么堆内存中分配给对象的内存我们应该如何管理呢？分配给对象的内存应该在何时被释放？为什么 C++中我们 new 之后分配的内存需要 delete，而 Java 中却不需要？本节将会深入探讨 C++和 Java 的堆内存管理机制，这两种管理机制有着很大的区别。

▷▷▷ C++：new 和 delete 配对使用

在第 6 节中，我们已经知道 new 关键字会在堆内存中动态申请一片地址空间分配给对象，如果申请成功，new 操作会返回该对象在堆内存中的首地址，我们可以将该地址存储在一个指针类型的变量中。例如：

```
int* p = new int(10);
```

等号右边通过 new 生成一个 int 类型的变量。我们已经知道，若以 int x = 10;这样的声明方式定义 x，x 将存储在栈内存中。而 new int(10);这样的声明方式生成的 int 对象将存储在堆内存中，如图 10.1 右侧所示，该对象在堆内存中的地址为 0x008ea263。

　　而等号左边我们定义了一个 int*类型（即指向 int 的指针类型）的变量 p，该变量存储在栈内存中，如图 10.1 左侧所示，该变量的值即为堆中 int 类型变量的地址，即 0x008ea263，而图 10.1 中的箭头是指针类型变量形象的表达方法。

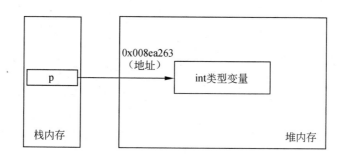

图 10.1　内存结构示意图 1

　　我们已经知道，new 操作代表向堆内存申请空间存储对象。那么在 C++ 中，堆内存是如何被回收的呢？答案是需要由程序员来负责。当程序员需要在堆内存中动态生成对象时，程序员使用 new 操作符申请空间，而当程序员不再需要这个动态生成的对象时，则必须使用 delete 操作符回收之前申请的空间。对应之前的 new 操作，回收空间的操作如下：

```
delete p;
```

　　因为指针变量 p 保存着堆内存中 int 变量的地址，delete 操作表示释放该片堆内存空间，这样系统就知道这片空间已经没用了，便进行回收，之后可以重新利用。如果程序员在使用完堆中对象后，忘记通过 delete 回收这片空间，这片空间就一直不会被回收，尽管该片空间已经没有用了，但是系统仍然无法重新利用这一内存区域。由此可知，在 C++中，堆内存的空间申请和释放都是由程序员来控制的，通过 new 分配空间，使用完毕后必须通过 delete 释放空间。这就是 C++中 new 之后一定要 delete 的原因。然而 C++程序员最容易犯的一类错误就是 new 之后忘记 delete，申请的空间使用完毕后无法释放，就会引起内存泄漏的问题。下面就让我们看一下内存泄漏是如何产生的。

▷▷▷ 内存泄漏

示例代码 10.1

```
int main(){
    int* p1 = new int(10);
    int* p2 = new int(20);
    p2 = p1;
    delete p1;
    return 0;
}
```

示例代码 10.1 展示了一个内存泄漏的例子。在该段代码的第 2 行和第 3 行分别在堆内存中动态生成了两个 int 类型的变量，同时在栈内存中生成了两个指针类型的变量，这两个指针分别指向堆中的两个变量，此时，内存结构如图 10.2 所示。

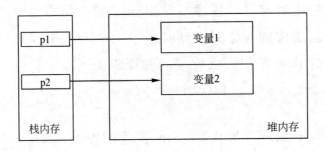

图 10.2　内存结构示意图 2

当代码运行完第 4 行之后，由于将 p1 的值赋给了 p2，于是内存结构变为如图 10.3 所示，p2 丢失了原先堆内存中变量 2 的地址值，由于我们丢失了指向变量 2 的指针（即变量 2 的地址），想要回收变量 2 占用的内存就不再可能。这时就发生了内存泄漏。而在示例代码 10.1 的第 5 行中，我们通过 delete

回收了 p1 所指向的变量 1 的内存，变量 1 没有发生内存泄漏，但是变量 2 发生了内存泄漏。

内存泄漏：程序中动态分配的堆内存由于某种原因未释放或无法释放，造成系统内存的浪费，导致程序运行速度减慢甚至系统崩溃等严重后果。如果程序中越来越多的地方发生内存泄漏，会导致内存可用空间越来越少，在严重情况下，系统无法找出可用空间，便会导致崩溃。

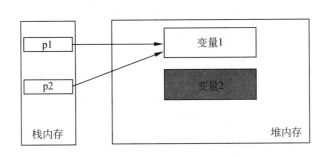

图 10.3　内存结构示意图 3

▶▶▶ Java 的垃圾回收机制

我们已经知道，在 C++中，堆内存的空间申请和释放都是由程序员来控制的，通过 new 分配空间，使用完毕后必须通过 delete 释放空间。可是在 Java 中，当我们在需要对象时通过 new 生成，在使用完该对象后却不需要通过 delete 来释放空间。这是因为 Java 提供了垃圾回收机制，该机制可以自动发现对象何时不再被使用，继而自动销毁该对象，回收该对象所占用的内存。垃圾回收机制使得程序员不再需要通过 delete 释放内存，这就避免了许多隐藏的内存泄漏问题，这是 C++为人诟病的一个地方。

那么 Java 的垃圾回收器是如何知道对象何时不再会被使用呢？通过第 6 节的学习我们知道，Java 通过引用关联堆内存中的对象，想要调用对象，必须通过对象的引用，所以当一个对象没有任何引用指向它时，这个对象就不可能再被控制，此时便可以回收该对象的内存。这一方法即引用计数法。

引用计数法的工作方法如下，当通过 new 生成一个对象时，给该对象分配一个变量用来于计算指向该对象的引用个数，该变量称为该对象的引用计数器，初始值为 1。当任何其他变量被赋值为这个对象的引用时，引用计数器加 1。当一个对象实例的某个引用超过了生命周期或者被设置为一个新值时，引用计数器减 1。任何引用计数器为 0 的对象实例都可以被当作垃圾回收。当一个对象实例被当作垃圾回收时，它引用的所有对象实例的引用计数器减 1。

尽管引用计数法非常便捷，但是该方法最大的问题是无法检测出循环引用的问题。示例代码 10.2 便是循环引用的一个例子。

示例代码 10.2

```java
package program.chapter10;

class A{
    public A neighbour;
}

public class Code2 {
    public static void main(String[] args) {
        A object1 = new A();
        A object2 = new A();
        object1.neighbour = object2;
        object2.neighbour = object1;
        object1 = null;
        object2 = null;
    }
}
```

当运行完示例代码 10.2 的 main 函数时，object1 和 object2 被赋值为空，内存结构如图 10.4 所示。

由于 object1 和 object2 被赋值为空，我们丢失了指向对象 1 和对象 2 的所有引用，此时对象 1 和对象 2 已经不再能被调用，系统应该回收这两个对象所占的内存。但如果采用引用计数法，可以看到，由于对象 1 和对象 2 循环引用对方，两个对象的引用计数器值都不为 0，因此系统无法回收这两个对象占用的内存空间。

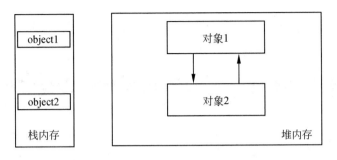

图 10.4　内存结构示意图 4

为了解决循环引用的问题，可达性分析方法应运而生，这一方法的代表是根搜索算法。根搜索算法是一种对象引用遍历算法，垃圾回收器把所有引用看成一张图，对象引用遍历从一组对象开始，这组对象被称为根对象，下面沿着整个对象图上的每条路径，递归确定可到达的对象。在对象遍历阶段，垃圾回收器必须记住哪些对象可以到达，以便删除不可到达的对象，这称为标记对象。在标记阶段之后进行清理，如果某对象不能从这些根对象的一个到达，则将它作为垃圾回收。

图 10.5 是一个根搜索算法的例子，在该图中，object1 和 object2 是和根对象集合关联的，因此是可达的。而 object3、object4、object5 尽管互相关联，但是无法从根对象集合到达，因此属于可以被回收的对象。

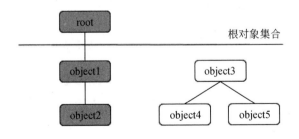

图 10.5　根搜索算法举例

Java 中，根对象包括下面几种：

（1）虚拟机栈（栈帧中的本地变量表）中引用的对象。

（2）方法区中类静态属性引用的对象。

（3）方法区中常量引用的对象。

（4）本地方法栈中 JNI（Java Native Interface）引用的对象。

11. 明明是值传递，可对象为什么发生了变化？

Java 中函数参数的传递一直是困扰初学者的一个常见问题。有人说，Java 中只有值传递，没有引用传递。可是当我们向函数方法传递一个对象，在该函数经过调用之后，原对象的值却发生了变化，如果是按照值传递的，原先的对象不是不应该发生变化吗？要弄清楚这个问题，就需要我们去了解 Java 中的参数传递机制。

▷▷▷ 基本数据类型的传递

示例代码 11.1

```java
package program.chapter11;
public class Code1 {
    public static void main(String[] args) {
        int x = 10;
        change(x);
        System.out.println(x);
    }

    public static void change(int x){
        x = x * 2;
    }
}
```

运行示例代码 11.1，控制台输出的结果是 10，尽管函数改变了函数内部变量 x 的值，但是在函数调用之外，x 的值却没有发生变化。

图 11.1 是刚调用函数时的内存结构示意图，可以看出，main 函数中 x

变量被复制了一份传递给 change 函数，因此 change 函数中的 x 和 main 函数中的 x 是两个不同的变量，只不过这两个变量有相同的值。

当 change 函数执行完语句 x = x * 2;后，内存结构变化为如图 11.2 所示。由于 change 函数改变的只是 change 函数内部的 x 的值，而不是 main 函数中的 x，因此 main 函数中运行语句 System.out.println(x);在控制台输出的值仍然为 10，并没有发生变化。该过程说明了 Java 中基本数据类型作为参数传递的方式遵循值传递，即传递一个该变量的副本给函数。

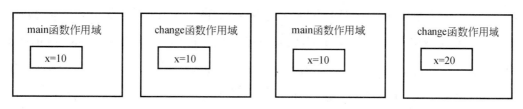

图 11.1 内存结构示意图 1   图 11.2 内存结构示意图 2

▷▷▷ 引用的传递

示例代码 11.2

```java
package program.chapter11;
class A{
    public int value;
    public A(int x){
        value = x;
    }
}

public class Code2 {
    public static void main(String[] args){
        A a = new A(10);
        change(a);
        System.out.println(a.value);
    }
```

```
public static void change(A a){
    a.value = a.value * 2;

}

}
```

示例代码 11.2 中，我们首先定义了类 A，用于测试该类对象在发生参数传递时的变化过程。运行示例代码 11.2，控制台输出的结果是 20，可以看出，引用 a 所指向的对象的数据成员发生了改变。

图 11.3 是刚调用函数时的内存结构示意图，可以看出，main 函数中向 change 函数传递的是类 A 对象的引用的副本，而不是类 A 对象本身的副本。因此，尽管 change 函数中的引用 a 和 main 函数中的引用 a 是两个不同的引用变量，但它们的值相同，都指向了堆内存中的类 A 对象。

当 change 函数执行完语句 a.value = a.value * 2;后，内存结构变化为如图 11.4 所示。由于 change 函数通过引用改变了堆内存中类 A 对象的数据成员 value 的值，而 main 函数中的引用 a 指向的对象与 change 函数中的引用 a 指向的对象是同一个，因此运行语句 System.out.println(x);在控制台输出的值为 20。该过程说明了 Java 中引用类型作为参数传递的方式也遵循值传递，即传递一个该引用的副本给函数。

通过学习 Java 中的参数传递机制，我们现在明白，引用类型的传递同基本类型一样，也遵循引用传递。而对象发生变化是因为函数参数传递的是引用的副本，而非对象的副本。

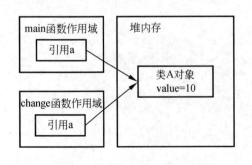

图 11.3 内存结构示意图 3

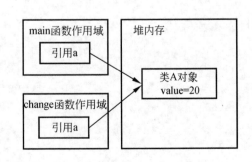

图 11.4 内存结构示意图 4

三、初窥算法

12. 如何编写链表？

13. 从斐波那契到汉诺塔，如何编写递归算法？

14. 从深度优先到广度优先，如何编写搜索算法？

15. 什么是位运算？位运算究竟有什么用？

12. 如何编写链表？

在刚学习编程的时候，我们首先接触的一个重要概念是数组，而在刚学习数据结构的时候，我们首先接触的一种重要数据结构则是链表。数组和链表都是线性表，但采用不同的存储结构，数组采用顺序存储结构，而链表采用链式存储结构。编写链表比数组更复杂一点，尤其在使用 C 语言编写时，链表的代码显得更为生涩。本节介绍链表的存储结构，并在此基础上分析编写链表的 C 语言程序和 Java 语言程序。

▷▷▷ 链表的存储结构

数组采用顺序存储结构，该结构是把逻辑上相邻的结点存储在物理位置上相邻的存储单元中，结点之间的逻辑关系由存储单元的邻接关系来体现。顺序存储方法的优点是节省存储空间，但缺点是不便于修改，对结点的插入、删除运算可能需要移动一系列的结点。

为克服顺序存储的缺点，链式存储结构应运而生，链表就采用这种存储结构。该结构不要求逻辑上相邻的结点在物理位置上也相邻，结点间的逻辑关系是由附加的指针字段（C 语言中是指针，Java 语言中是引用）表示的。链式存储方法的优点是便于修改，在进行插入、删除运算时，仅需修改相应结点的指针域，不必移动结点。但链式存储的缺点是存储空间利用率较低，且不能对结点进行随机存取，因为逻辑上相邻的结点空间上未必相邻。

链表的存储结构如图 12.1 所示，每个结点包含两个域，分别是值域和指针域，值域用来存储元素的值，指针域内有一个指针。如第 8 节所述，指针用来存储地址，在链表结点中，该指针存储下一个结点的地址，这样就可以通过该指针找到下一个结点了，从而实现链表从前往后的遍历。链表的最后一个元素其指针的值为 NULL，表示其后不再有结点。尽管图 12.1 中的结点元素看上去是顺序排列的，但实际上每一个结点在内存中的存储是乱序的，结点的地址是由系统分配的，不一定以如图 12.1 所示顺序排列，图 12.1 只是一个示例。虽然结点的存储地址不具有规律性，但通过指针便可以找到下一个结点。

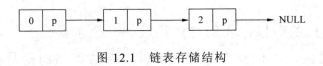

图 12.1　链表存储结构

▷▷▷ 使用 C 语言编写链表

示例代码 12.1

```
#include<stdio.h>
#include<stdlib.h>
typedef struct LinkList
{
    int data;
    struct LinkList* next;
}LinkList;

void createLinkList(LinkList* L)
{
    LinkList* s;
    L->next = NULL;
```

```
    for(int i = 1; i < 10; i++)
    {
        s = (LinkList*)malloc(sizeof(LinkList));
        s->data = i;
        s->next = L->next;
        L->next = s;
    }
}

void destroyLinkList(LinkList* L)
{
    LinkList* q;
    while(L != NULL)
    {
        q = L->next;
        free(L);
        L = q;
    }
}

int main()
{
    LinkList* L = (LinkList*)malloc(sizeof(LinkList));
    L->data = 0;
    createLinkList(L);
    destroyLinkList(L);
    return 0;
}
```

  示例代码 12.1 展示了用 C 语言建立和销毁链表的过程。初次接触数据结构的同学可能会被 C 语言复杂的实现绕晕，这也是本节最后一部分给出 Java 语言构建链表的原因之一。示例代码 12.1 首先给出了链表结点的结构体定义，之后给出了建立链表和销毁链表的函数，最后通过 main 函数给出完整实现。

  首先来看链表结点的结构体定义，该结构体中有两个域，一个域保存要存储的 int 值，另一个域保存指向链表下一个结点的指针。

　　接下来看构建链表的函数 void createLinkList(LinkList* L)，在该函数中，首先定义一个指向 LinkList 的指针 s，该指针 s 用来存储新生成的链表结点的地址，因为函数需要为链表结点动态申请内存空间，语句 s = (LinkList*)malloc(sizeof(LinkList));中，malloc 函数为结点申请空间，函数的返回值为这片空间的地址，因此该地址会被存储在 s 中。这里构建链表采用的是头插法，即将新结点插入到当前链表的表头上。在为新结点分配完空间之后，首先给新结点赋要保存的 int 值，之后就要将新生成的结点插入链表了。插入的过程如图 12.2～图 12.4 所示。该示例展示了插入第 2 个结点的过程，即插入结点的 int 值为 2。图 12.2 中，待插入结点的 int 值为 2；图 12.3 中，该待插入结点已经插入链表的头部；图 12.4 中，待插入结点的 int 值为 3。

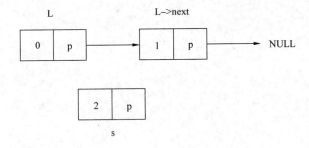

图 12.2　插入第二个结点之前的链表结构

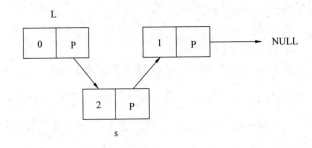

图 12.3　插入第二个结点之后的链表结构

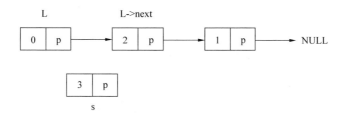

图 12.4　插入第三个结点之前的链表结构

接下来看销毁链表的函数 void destroyLinkList(LinkList* L)，该函数从链表的头部开始顺序释放每一个结点的内存空间，释放之前会保存下一个结点的地址，从而在释放之后找到下一个结点。因为在 C 中，程序员需要自行管理动态申请的空间，malloc 之后不通过 free 释放空间会引发内存泄漏，因此这里定义了销毁链表的函数。最后，main 函数将各个函数串联起来，实现了链表的建立和销毁的全过程。

▷▷▷ 使用 Java 语言编写链表

示例代码 12.2

```
package program.chapter12;
class LinkList{
    public int data;
    public LinkList next;
}


public class Code2 {
    public static void createLinkList(LinkList L){
        L.next = null;
        for(int i = 1; i < 10; i++){
            LinkList s = new LinkList();
            s.data = i;
            s.next = L.next;
            L.next = s;

        }
```

```
    }

    public static void main(String[] args){
        LinkList L = new LinkList();
        L.data = 0;
        createLinkList(L);
    }
}
```

示例代码 12.2 展示了用 Java 语言建立和销毁链表的过程。相比 C 语言中比较复杂的实现，Java 的代码简洁了许多。Java 中没有了指针，通过引用实现对链表下一个结点的存储；同时，Java 通过 new 生成对象，而不是 C 中看着非常复杂的 malloc 函数；Java 引入了垃圾回收机制，程序员不再需要通过手动 free 来释放存储空间。初学者可以通过阅读 Java 语言的资料学习如何编写链表。

示例代码 12.2 首先给出了链表结点类的定义，该结点同样包含两个域，分别是保存的 int 类型的值，以及指向链表下一个结点的引用。public static void createLinkList(LinkList L)函数同样采用头插法建立链表，该函数循环新建链表结点并将其插入到链表头部，插入过程如图 12.2～图 12.4 所示，示例代码 12.2 的算法同示例代码 12.1 的算法完全一致，只是换了一种语言，这里不再赘述。

13. 从斐波那契到汉诺塔，如何编写递归算法？

程序调用自身的编程技巧称为递归。递归作为一种算法在程序设计语言中广泛应用。一个过程或函数在其定义或说明中有直接或间接调用自身的一种方法，它通常把一个大型复杂的问题层层转化为一个与原问题相似的规模较小的问题来求解。递归策略只需少量的程序就可描述出解题过程所需要的多次重复计算，大大地减少了程序的代码量。

▷▷▷ 递归的特点

想要写出正确的递归算法，不仅需要理解递归的定义，还要抓住递归的特点：

（1）递归就是在函数方法里调用自身，外层往往需要用到内层计算出的结果。

（2）在使用递增算法时，必须有一个明确的递归结束条件，称为递归出口，否则函数方法将陷入无限循环。

熟练掌握以上两个特点，便可以写出正确的递归算法。最难的地方是找出外层如何利用内层的结果，这通常需要结合特定问题进行思考，发现问题中父问题和子问题的关系。

尽管利用递归写出的代码十分简洁，但递归算法解题的效率往往较低，原因是子问题的解没有被存储，当递归算法被调用时往往可能重复运算同一个子问题的解。如果能把子问题的解进行存储，之后再用到时便可以直接得到答案而不需要再运算一遍，则会大大提高解决问题的效率，动态规划便是这么做的。在斐波那契数列问题中，我们会首先学习如何利用递归算法求解，之后会学习编写效率更高的代码，通过对子问题的解进行存储缩短求解时间。

▷▷▷ 斐波那契数列问题

问题：斐波那契数列是这样一个数列，0，1，1，2，3，5，8，13，21，…数列的第一个数为0，第二个数为1，之后的每个数都是前两个数的和。请编写算法求解斐波那契数列的第 n 个数。

解：斐波那契数列可以以递归的方法定义，Fibonacci（0）=0，Fibonacci（1）=1，Fibonacci（n）=Fibonacci（n-1）+Fibonacci（n-2）（n≥2）。由于斐波那契数列的定义包含的递归思想非常明确，我们可以很快得出以上的递归公式。让我们来看一下斐波那契数列问题递归算法的两个特点：

（1）外层的计算结果由两个内层的计算结果相加得到。

（2）递归出口为 Fibonacci（0）=0，Fibonacci（1）=1。

解法一：递归算法，如示例代码 13.1 所示。public static int Fibonacci(int n) 函数即为求解斐波那契数列的函数，输入参数 n 表示要求解数列的第 n 个数，返回值即为数列第 n 个数的值。由递归方法可以看出，如果求解数列第 0 个数，则返回 0，求解数列第 1 个数，则返回 1，这是递归的出口。当 n 为其他值时，采用递归求解，Fibonacci(n)=Fibonacci(n-1)+ Fibonacci(n-2)，即在计算 Fibonacci(n)时，函数会通过调用自身解决问题，这里唯一特殊的是，Fibonacci(n)调用的函数不是其他函数，而是自己。如第 6 节所述，由于 Fibonacci(n)函数不断调用自身，因此会不断形成栈帧并压栈，如果递归函数没有递归出口，就会抛出 stackoverflow 的异常，而该递归方法定义了递归出口 Fibonacci（0）=0，Fibonacci（1）=1，因此避免了无限递归耗尽栈内存的问题。

示例代码 13.1

```java
package program.chapter13;
public class Code1 {
    public static int Fibonacci(int n){
        if(n == 0){
            return 0;
        }else if(n == 1){
            return 1;
        }else{
            return Fibonacci(n - 1) + Fibonacci(n - 2);
        }
    }

    public static void main(String[] args){
        int x = 10;
        //echo the tenth number of Fibonacci sequence
        System.out.println(Fibonacci(x));
    }
}
```

解法二：动态规划，如示例代码 13.2 所示。尽管递归非常易于理解，但是递归算法的时间复杂度往往较高，原因是子问题的解没有被存储，当递归算法被调用时往往可能重复运算同一个子问题的解。以示例代码 13.1 为例，在计算 Fibonacci（10）时，需要先计算出 Fibonacci（9）和 Fibonacci（8）的值，而在计算 Fibonacci（9）时，需要先计算出 Fibonacci（8）和 Fibonacci（7）的值，可以看出，Fibonacci（8）的值被计算了两次，若 Fibonacci（8）的值在第一次计算之后被存储下来，第二次就可以避免重复递归求解 Fibonacci（8）。不同于递归算法自顶向下求解问题，动态规划采用自底向上的方法，首先求解子问题的解并进行存储，之后利用已经求得的子问题的解求父问题的解。在示例代码 13.2 中，我们通过数组 a[] 存储斐波那契数列，数组下标表示数列的序号，由题意可知，a[0]=0，a[1]=1，之后 a[i]=a[i-1]+a[i-2]，由于子问题的解被存储在了数组中，因此避免了重复计算的问题，降低了算法的时间复杂度。

示例代码 13.2

```java
package program.chapter13;
public class Code2 {
    public static int Fibonacci(int n){
        int a[] = new int[1024];
        a[0] = 0;
        a[1] = 1;
        for(int i = 2; i <= n; i++){
            a[i] = a[i - 1] + a[i - 2];
        }
        return a[n];
    }

    public static void main(String[] args){
        int x = 10;
        //echo the tenth number of Fibonacci sequence
        System.out.println(Fibonacci(x));

    }
```

```
        }
```

▷▷▷ 汉诺塔问题

问题：有三根杆子 A，B，C。A 杆上有 N(N>1)个穿孔圆盘，盘的尺寸由下到上依次变小。现要求按下列规则将所有圆盘移至 C 杆：

（1）每次只能移动一个圆盘；

（2）大盘不能叠在小盘上面。

问：最少要移动多少次才能将所有圆盘移动到 C 杆？

解：我们可以尝试将这个大问题分解为子问题进行求解，原问题是要将所有 N 个圆盘从 A 移动到 C。针对原问题，我们可以考虑这么操作：首先将 A 柱上方的 N-1 个圆盘移动到 B，再将 A 柱最底部的圆盘移动到 C，最后将 B 柱上方的 N-1 个圆盘移动到 C。由于从 A 直接移动到 C 的圆盘是最大的，因此该圆盘不会影响到 B 柱上方 N-1 个圆盘的移动。在上述解题思路中的两个重要步骤如下：

（1）将 A 柱上方的 N-1 个圆盘移动到 B。

（2）将 B 柱上方的 N-1 个圆盘移动到 C。

可以看出，这两步即为父问题的子问题，要求解移动 N 个圆盘所需要的次数，首先要求解出移动 N-1 个圆盘所需要的次数。由此可知，汉诺塔问题的递推公式如下：Hanoi（1）=1，Hanoi（n）=2*Hanoi（n-1）+1（n≥2）。其含义是，移动 N 个圆盘的过程包括移动 N-1 个圆盘 2 轮，同时还需要移动一次最底部的大圆盘。汉诺塔问题的递归算法如示例代码 13.3 所示。

示例代码 13.3

```java
package program.chapter13;
public class Code3 {
    public static int Hanoi(int n){
        if(n == 1){
            return 1;
        }else{
            return 2 * Hanoi(n - 1) + 1;
```

```
        }
    }

    public static void main(String[] args){
        int x = 10;
        //echo the time needed for moving ten plates
        System.out.println(Hanoi(x));
    }
}
```

示例代码 13.3 给出了移动 N 个圆盘所需要的最少次数的函数 public static int Hanoi(int n)，该函数采用递归的方式求解。类似于斐波那契数列的解法二，求解汉诺塔问题同样可以通过建立数组求解，感兴趣的读者可以自己写一写汉诺塔问题的解法二。

14. 从深度优先到广度优先，如何编写搜索算法？

在图论中，遍历是非常常见的一种操作，我们有时候需要在图中搜索符合条件的顶点，就需要遍历整个图中的所有顶点，找出需要的点。图论中共有两种遍历算法，它们的应用非常广泛，是图论中非常基础的算法，分别是深度优先搜索和广度优先搜索。

▷▷▷ 定义

深度优先搜索：正如其名称一样，深度优先搜索算法遵循的搜索策略是尽可能"深"地搜索一个图。在该搜索算法中，对于新发现的顶点，若该点还有以此为起点的未探测到的边，就沿着这条边继续探测下去。当顶点 v 的所有边都已被探寻过后，搜索将回到发现顶点 v 有起始点的那些边。这一搜索过程一直进行到已发现从源顶点可达的所有顶点为止。

广度优先搜索：顶点 v 首先访问它的未被探测到的邻接顶点，并且记录这些邻接顶点,当记录完它的所有邻接顶点之后就结束这个顶点 v 的访问。接下来才开始进行对刚才记录的该顶点 v 的所有邻接顶点的访问。可以看出,广度优先搜索并不像深度优先搜索一样尽可能"深"地搜索一个图,而是逐层进行搜索,距离开始顶点最近的点将会被首先搜索到,而距离开始顶点最远的点将会在最后被搜索到。

以上是深度优先搜索和广度优先搜索的定义,文字的表述可能不够直观,下面就通过一个实例来说明深度优先搜索和广度优先搜索的过程。该例以有向图为例,该有向图如图 14.1 所示。

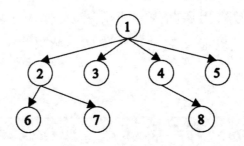

图 14.1　有向图示例

图 14.1 是一个有向图示例,图中共有 8 个顶点。其中,从 v1 可达的顶点有 v2、v3、v4、v5。从 v2 可达的顶点有 v6,v7。从 v4 可达的顶点有 v8。下面分别来看一下使用深度优先搜索和广度优先搜索从 v1 开始对该图进行遍历的顺序。

深度优先搜索:搜索从 v1 开始,首先访问 v1,之后访问 v1 的第一个邻居 v2。由于深度优先搜索遵循的策略是尽可能"深"地搜索一个图,因此在访问完 v2 之后,便继续访问 v2 的邻居,即 v6。接下来算法开始访问 v6 的邻居,由于 v6 没有邻居,因此对 v6 邻居的访问结束。搜索退回到上一层,即开始继续访问 v2 的下一个邻居 v7。同样的,由于 v7 没有邻居,因此对 v7 邻居的访问结束。搜索退回到上一层,由于 v2 的邻居也已经访问结束,因此搜索退回到 v1 的下一个邻居,开始进行对 v4 的访问。后续过程与该过程类似,读者可自行推导。因此,**从 v1 开始的深度优先搜索的顺序是 v1、v2、**

v6、v7、v3、v4、v8、v5。

广度优先搜索：搜索从 v1 开始，首先访问完 v1，并对 v1 的所有邻居 v2、v3、v4、v5 这 4 个顶点进行记录。接下来从记录的顶点 v2 开始，访问完 v2，并记录 v2 的所有邻居 v6、v7。接下来访问 v3，由于 v3 没有邻居，不需要记录，因此直接开始访问 v4，并记录其邻居 v8。后续的过程与该过程类似，读者可自行推导。因此，**从 v1 开始的广度优先搜索的顺序是 v1、v2、v3、v4、v5、v6、v7、v8。**

▷▷▷ 编写方法

深度优先搜索：该搜索从起始顶点 v1 发起访问，接下来发起对起始顶点 v1 的首个邻居 v2 的访问，在此之后继续以该邻居 v2 作为子问题的起始顶点，发起对 v2 的邻居的访问。当 v2 的所有邻居都访问完成之后（将此过程看作是原父问题的子问题，父问题为从顶点 v1 完成深度优先搜索，子问题为从顶点 v2 完成深度优先搜索），算法继续开始对 v1 的下个邻居 v3 的访问，对 v3 所有邻居的访问过程同样可以归纳为原问题的一个子问题。通过以上描述，我们可以发现，深度优先搜索算法可以通过第 13 节的递归来实现。具体实现参考示例代码 14.1。

广度优先搜索：广度优先搜索算法可以通过队列来实现，该队列用来存储所有有待访问的顶点。每一次搜索对应从队列中取出一个顶点进行访问，同时，我们需要将该顶点的所有邻居记录，记录的方式就是将这些邻居进队列。以图 14.1 为例，该搜索从起始顶点 v1 开始访问，因此队列初始元素只有 v1。下面开始进行访问，取出队列元素 v1 进行访问，并将 v1 的所有邻居 v2、v3、v4、v5 进队列，此时队列中只有这 4 个元素。之后重复该过程，取出 v2 访问，并将 v2 的所有邻居 v6、v7 进队列，此时队列中有 v3、v4、v5、v6、v7。之后不断重复该过程，直到队列为空，表示已经访问完图中所有顶点。具体实现参考示例代码 14.1。

▷▷▷ 实现

示例代码 14.1

```java
package program.chapter14;

import java.util.ArrayList;

import java.util.HashSet;

import java.util.LinkedList;

import java.util.List;

import java.util.Queue;

import java.util.Set;


class Node{

    int val;

    List<Node> neighbours;

    public Node(int x){

        val = x;

        neighbours = new ArrayList<Node>();

    }

}


public class Code1 {

    public static Node createGraph(){

        Node v1 = new Node(1);

        Node v2 = new Node(2);

        Node v3 = new Node(3);

        Node v4 = new Node(4);

        Node v5 = new Node(5);

        Node v6 = new Node(6);

        Node v7 = new Node(7);

        Node v8 = new Node(8);


        v1.neighbours.add(v2);

        v1.neighbours.add(v3);

        v1.neighbours.add(v4);

        v1.neighbours.add(v5);
```

```
    v2.neighbours.add(v6);
    v2.neighbours.add(v7);

    v4.neighbours.add(v8);

    return v1;
}

public static void DFS(Node v, Set<Node> visited){
    if(visited.contains(v)){
        return;
    }else{
        System.out.println("Visit node:" + v.val);
        visited.add(v);
        for(Node next : v.neighbours){
            DFS(next,visited);
        }
    }
}

public static void BFS(Node v){
    Set<Node> visited = new HashSet<Node>();
    Queue<Node> queue = new LinkedList<Node>();
    queue.offer(v);
    while(!queue.isEmpty()){
        Node node = queue.poll();
        if(!visited.contains(node)){
            System.out.println("Visit node:" + node.val);
            visited.add(node);
            for (Node next : node.neighbours) {
                        queue.offer(next);
            }
        }
```

```
        }
    }

    public static void main(String[] args){
        Node begin = createGraph();
        Set<Node> visited = new HashSet<Node>();
        System.out.println("DFS:");
        DFS(begin, visited);
        System.out.println("BFS:");
        BFS(begin);
    }
}
```

图的实现：首先对图中的顶点进行建模，得到 Node 类，该类有两个成员，分别是一个 int 类型的值用来标识节点序号，以及一个 List 对象用来存放节点的邻居。public static Node createGraph()函数依据图 14.1 构造了整个图，该函数返回图中的节点 v1，在该函数中可以看到各个顶点的邻接关系。

深度优先搜索：public static void DFS(Node v, Set<Node> visited)函数实现了图的深度优先搜索算法。参数 v 为即将访问的顶点，参数 visited 用来记录已经访问过的顶点，避免重复访问。在 DFS 算法中，首先查看 v 是否被访问过，若被访问过了，直接返回；若未被访问过，则首先访问该顶点，同时依次对 v 的每个邻居进行递归遍历。由于只有当子问题的 DFS 被调用完毕之后，v 才会递归访问下一个邻居顶点，因此是符合深度优先搜索的特征的。

广度优先搜索：public static void BFS(Node v)函数实现了图的广度优先搜索算法。参数 v 为即将访问的顶点。在 BFS 算法中，首先将起始顶点加入队列中，接下来就是不断循环以下操作，直到队列为空：将队首顶点出队列，若该顶点没有被访问过则进行访问，并将该顶点的所有邻居进队列。在示例代码 14.1 的实现中，用到了表示队列的类 Queue，offer 方法表示入队操作（加入队尾），poll 方法表示出队操作（取出队首元素）。

示例代码 14.1 的运行结果如图 14.2 所示。

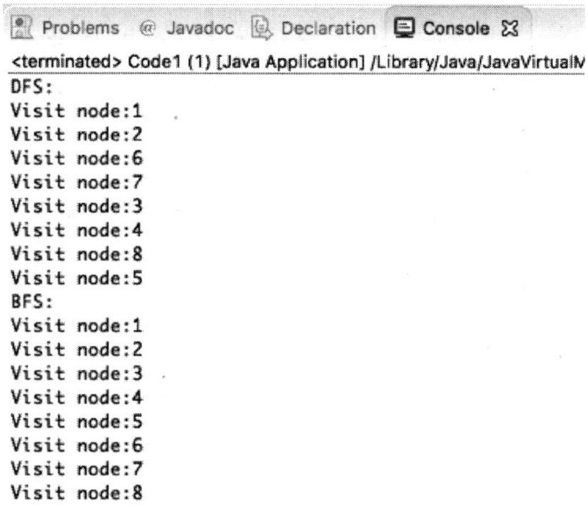

```
 Problems  @ Javadoc  Declaration  Console  ⊠
<terminated> Code1 (1) [Java Application] /Library/Java/JavaVirtualM
DFS:
Visit node:1
Visit node:2
Visit node:6
Visit node:7
Visit node:3
Visit node:4
Visit node:8
Visit node:5
BFS:
Visit node:1
Visit node:2
Visit node:3
Visit node:4
Visit node:5
Visit node:6
Visit node:7
Visit node:8
```

图 14.2 示例代码 14.1 的运行结果

15. 什么是位运算？位运算究竟有什么用？

我们从小学开始学习加减乘除四则运算，在进入程序的世界之后，我们又接触了一种新的运算——位运算。位运算的法则可能并不难理解，可是位运算究竟有什么用？ 加减乘除已经使得我们具备最基本的运算能力，为什么还要引入位运算？对于这些问题，初学者并不一定能回答上来。本节首先会介绍位运算的基本种类及其定义，之后会通过不同的示例回答本节的问题——位运算究竟有什么用。

▷▷▷ 位运算的种类及定义

表 15.1 位运算的种类

位运算的种类	Java 中的表示	举　　例
按位与	a & b	7 & 2 = 2
按位或	a | b	7 | 2 = 7
按位异或	a ^ b	7 ^ 2 = 5
按位取反	~a	~7 = -8
左移	a << b	7 << 2 = 28
带符号右移	a >> b	7 >> 2 = 1
无符号右移	a >>> b	7 >>> 2 = 1

表 15.1 展示了位运算的种类及其在 Java 中的符号表示。

程序里，所有的数在内存中都是以二进制的形式存储的。位运算就是基于对整数的二进制位进行操作的运算方式。我们在第 3 节中学习过数据的存储方式，位是最小的存储单元，一个位可以为 0 或者 1，一个字节由 8 个位组成，因此一个字节可以表示 256 种不同的状态。学习位运算需要首先掌握数的二进制表达。以表 15.1 为例：

7 的二进制表示为 00000111，

2 的二进制表示为 00000010。

7 & 2 表示 7 和 2 的每一位按位与（两个位同时为 1 结果才为 1），因此结果用二进制表示为 00000010，即 2。

7 | 2 表示 7 和 2 的每一位按位或（两个位只要有一个为 1 结果就为 1），因此结果用二进制表示为 00000111，即 7。

7 ^ 2 表示 7 和 2 的每一位按位异或（两个位互不相同结果才为 1），因此结果用二进制表示为 00000101，即 5。

~7 表示 7 的每一位按位取反，因此结果用二进制表示为 11111000，即 -8（负数在存储时用补码表示，-8 的补码为 11111000）。

7 << 2 表示 7 的每一位数左移两位，因此结果用二进制表示为 00011100，即 28。

7 >> 2 表示 7 的每一位数右移两位，因此结果用二进制表示为 00000001，即 1（7 的符号位为 0，因此右移后符号位仍然为 0）。

7 >>> 2 表示 7 的每一位数右移两位，同时由于是无符号右移，因此符号位补 0，结果用二进制表示为 00000001，即 1。

示例代码 15.1

```java
package program.chapter15;
public class Code1 {
    public static void main(String[] args){
        int a = 7, b = 2;
        System.out.println(a +" & " + b + " = " + (a & b));
```

```
            System.out.println(a +" | " + b + " = " + (a | b));
            System.out.println(a +" ^ " + b + " = " + (a ^ b));
            System.out.println("~" + a + " = " + (~a));
            System.out.println(a +" << " + b + " = " + (a << b));
            System.out.println(a +" >> " + b + " = " + (a >> b));
            System.out.println(a +" >>> " + b + " = " + (a >>> b));
    }
}
```

示例代码 15.1 展示了 Java 中的位运算操作，运行结果如图 15.1 所示。

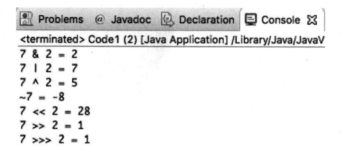

图 15.1　示例代码 15.1 的运行结果

▷▷▷ 位运算究竟有什么用？

这一节的第一部分解答了什么是位运算，在下面这一部分，我们将要探究一下，位运算究竟有什么用。加减乘除已经能够满足我们对运算的基本需求了，那么位运算存在的意义是什么呢？

我们知道，乘法运算其实是可以用加法运算代替的，乘法的出现使得我们的运算效率变得更高了。同样的，没有位运算我们也能通过加减乘除进行运算，但是位运算使得计算机计算的效率提高了。以左移为例：7 << 2 = 28。左移操作其实等价于乘 2，左移 n 位对应进行 n 次乘 2 操作。对于计算机来说，由于数据在内存中都是以二进制的位存储的，移位是效率非常高的操作，因为它直接对内存数据进行操作，不需要转换为十进制，因此计算代价远远

小于乘法运算，移位的出现提高了计算机计算的效率。对于其他位运算操作来说，也是一样的，它们都大大提高了计算机计算的效率。

下面我们通过几个实例来看看位运算是如何优化程序的，这几个实例包含了位运算的一些实用技巧。

▷▷▷ 2 的 N 次幂

问题：给定一个数，判断该数是否为 2 的 N 次幂。

解：解答这一问题的技巧是**操作 a = a & (a-1)能够消除 a 的最低有效位**。

2 的次幂的数用二进制表示的特点是，该数只有某一位值为 1，其他位的值为 0，如 4 的二进制表示为 100，8 的二进制表示为 1000。若数 a 是 2 的 N 次幂，则 a & (a - 1)的结果应该为 0。算法见示例代码 15.2，函数 public static boolean checkPowerOfTwo(int x)。

▷▷▷ 整数转换

问题：编写一个函数，确定一共需要改变多少个位，才能将整数 A 转换成整数 B。

解：要解决该问题，首先要找出两个数之间不同的位，只需要通过异或操作。异或操作的结果中，为 1 的位表示该位两个数是不一样的，因此只需要计算异或操作的结果中有多少位为 1 即可。计算一个数的二进制表示中有多少个 1 同样可以用到上一题中的技巧，即**操作 a = a & (a-1)能够消除 a 的最低有效位**。因此只需要对异或操作的结果 x 循环进行 x = x & (x-1)操作，直到 x 为 0，计算该操作进行的次数，即消除了多少个 1。算法见示例代码 15.2，函数 public static int minCountOfBitChange(int a, int b)。

示例代码 15.2

```
package program.chapter15;
public class Code2 {
  public static void main(String[] args){
      System.out.println(checkPowerOfTwo(10));
```

```java
        System.out.println(checkPowerOfTwo(16));

        System.out.println(minCountOfBitChange(1, 14));
        System.out.println(minCountOfBitChange(2, 3));
    }


    public static boolean checkPowerOfTwo(int x){
        return ((x & (x - 1)) == 0);
    }


    public static int bitNumOfOne(int x){
        int res = 0;
        while(x != 0){
            x &= (x-1);
            res++;
        }
        return res;
    }


    public static int minCountOfBitChange(int a, int b){
        int temp = a ^ b;
        return bitNumOfOne(temp);
    }
}
```

示例代码 15.2 的运行结果如图 15.2 所示。

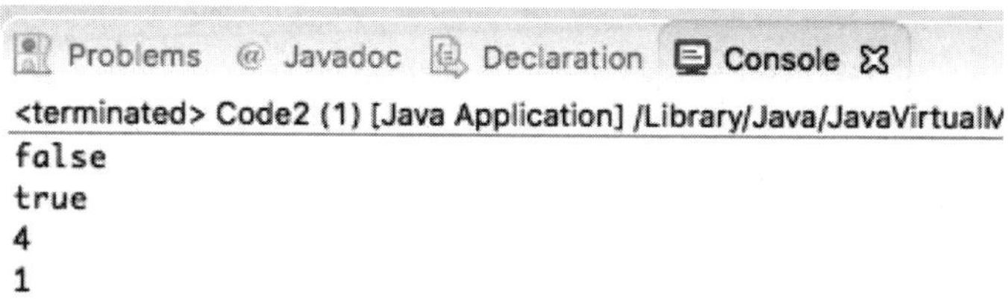

```
Problems  @ Javadoc  Declaration  Console  ☒
<terminated> Code2 (1) [Java Application] /Library/Java/JavaVirtualM
false
true
4
1
```

图 15.2 示例代码 15.2 的运行结果

▷▷ 寻找只出现了一次的数

问题：给定一个数组，该数组中只有一个数仅出现过 1 次，其余的数均出现过 2 次，找出这个只出现了 1 次的数。

解：解决这一问题的技巧是 **a ^ a = 0, a ^ 0 = a**。两个相同的数异或的值为 0，任何数与 0 异或的值为该数本身。同时，异或操作满足交换律和结合律。解决该问题的思路为：将数组中所有的数进行异或，所有出现 2 次的数异或的结果为 0，0 与仅出现过 1 次的数 x 进行异或的结果仍为 x。算法见示例代码 15.3，函数 public static int singleNum(int[] nums)。

示例代码 15.3

```java
package program.chapter15;
public class Code3 {
    public static void main(String[] args){
        int[] nums = new int[]{1,4,1,2,3,3,2};
        System.out.println(singleNum(nums));
    }

    public static int singleNum(int[] nums){
        int res = 0;
        for(int i = 0; i < nums.length; i++){
            res ^= nums[i];
        }
        return res;
    }
}
```

示例代码 15.3 的运行结果如图 15.3 所示。

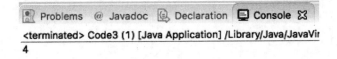

图 15.3 示例代码 15.3 的运行结果

位运算的优点在于提高了程序的运行效率，有些时候采用位去存储变量可以节省内存空间。位运算的例子不胜枚举，这一节我们只是给出了几个比较典型的例子，学习了一些位运算的实用技巧，更多的关于位运算的知识还有待读者在今后的学习中深入挖掘。

四、面向对象

16.　为什么要编写类？这么做是不是使问题更复杂了？

从本节开始，我们就要进入面向对象的世界了。对于每一个刚开始运用面向对象思想编写程序的程序员而言，可能都会有这样一个疑问，为什么要编写类？原来用几行代码就能解决的问题为什么要拆分出多个类，代码数量一下子就变得很大，这么做不是让解决问题的方法更复杂了吗？为了解答这个问题，让我们从著名的图形问题开始这一节的内容。

▷▷▷ 图形问题

问题：我们想要在屏幕上输出各种形状的图形，诸如圆形、长方形、三角形。对此我们有一个列表用来存储这些不同的形状，对于不同的形状，我们会输出对应的信息。请设计一个程序对此进行实现。

解：在接触面向对象思想之前，我们习惯运用面向过程的方法设计程序，上述问题采用面向过程的方法来解决非常容易，具体实现如示例代码 16.1 所示。在该实现中，我们定义了一个数组用来存储要打印的图形，其中，1 表示圆形，2 表示长方形，3 表示三角形。public static void drawShapes(int[] shapes) 函数循环遍历图形数组，对于不同的形状输出各自对应的信息到屏幕。

示例代码 16.1

```java
package program.chapter16;
public class Code1 {
    public static void main(String[] args){
        int shapes[] = new int[]{1,2,3};
        drawShapes(shapes);
    }

    public static void drawShapes(int[] shapes){
        for(int i = 0; i < shapes.length; i++){
            if(shapes[i] == 1){
                System.out.println("This is a circle.");
            }else if(shapes[i] == 2){
                System.out.println("This is a rectangle.");
            }else if(shapes[i] == 3){
                System.out.println("This is a triangle.");
            }
        }
    }
}
```

需求变更：现在，我们的图形库中多出了一种新的形状——菱形。同时，我们希望输出的信息可以包括形状的属性，例如长方形能够输出长和宽，圆形能够输出半径，等等。

解：继续采用面向过程的方法解决该问题。对于第一个需求变更，即多出了一种新的形状——菱形，我们可以在 drawShapes 函数的 for 循环中增加一个 if 语句判断该形状是否为菱形，并输出对应的信息。对于第二个需求变更，由于需要对每种形状存储对应的属性，似乎需要通过结构体或者类来存储这些属性的值，如果直接在 drawShapes 函数中修改代码，改动的幅度会比较大。

存在的问题：当需求变更之后，采用面向过程的方法实现程序设计暴露出了一些明显的问题。首先，修改者在新增打印菱形的语句时修改了原有的

if else 语句，在修改的时候，原有的圆形、长方形、三角形的输出信息是暴露在修改者面前的，修改者可能会在无意中改变圆形、长方形、三角形的输出信息。**出现这一问题的原因是现有的设计没有将变化的东西与不变的东西进行分离。**更进一步，drawShapes 函数可能仅仅是项目中关于图形的一个示例函数，试想项目中可能还存在其他的类似于 drawShapes 的函数，倘若不断新增新的形状，**对于每个新增的形状，这些函数都需要变更，以增加对新形状的支持，变化的代价是巨大的。**其次，对于各种形状的不同属性的存储，需要结构体或者类的帮助才能实现，若直接在 drawShapes 函数中修改，会导致 drawShapes 函数的规模越来越大。当问题的规模较小时，采用 if else 语句是非常高效的做法，但一旦问题变得复杂，规模开始扩大，就会使得原有的函数变得越来越臃肿，直到程序员难以维护。

更好的设计：当问题规模扩大时，我们发现面向过程的设计方法暴露出了一些问题，是时候引入面向对象的设计方法了。在面向对象的世界中，每新增一种操作，我们会考虑添加一种新的类型，每一种类型都封装了与自己相关的属性和方法，每一种类型都封装了与自己相关的变化。针对图形问题，让我们来看一看采用面向对象的方法完成的程序设计，具体实现如示例代码 16.2 所示。

示例代码 16.2

```java
package program.chapter16;
abstract class Shape{
    public abstract void draw();
}

class Circle extends Shape{
    private int radius;
    public Circle(int radius){
        this.radius = radius;
    }
    public void draw(){
        System.out.println("This is a circle, radius = " + radius + ".");
```

```java
        }
    }

class Rectangle extends Shape{
    private int length;
    private int width;
    public Rectangle(int length, int width){
        this.length = length;
        this.width = width;
    }
    public void draw(){
        System.out.println("This is a rectangle, length = " + length + ",
        width = " + width + ".");
    }
}

class Triangle extends Shape{
    private int length1;
    private int length2;
    private int length3;
    public Triangle(int length1, int length2, int length3){
        this.length1 = length1;
        this.length2 = length2;
        this.length3 = length3;
    }
    public void draw(){
        System.out.println("This is a triangle, length1 = " + length1 +
                ", length2 = " + length2 +
                ", length3 = " + length3 + ".");
    }
}

class Diamond extends Shape{
    private int length;
    public Diamond(int length){
```

```
            this.length = length;
    }
    public void draw(){
        System.out.println("This is a diamond, length = " + length + ".");
    }
}


public class Code2 {
    public static void main(String[] agrs){
        Shape[] shapes = new Shape[4];
        shapes[0] = new Circle(5);
        shapes[1] = new Rectangle(3,4);
        shapes[2] = new Triangle(3,4,5);
        shapes[3] = new Diamond(3);

        drawShapes(shapes);
    }

    public static void drawShapes(Shape[] shapes){
        for(int i = 0; i < shapes.length; i++){
            shapes[i].draw();
        }
    }
}
```

　　让我们来看一下示例代码 16.2 的实现。为了应对需求的变更，我们首先定义了一个 Shape 类，该类为一个抽象类，所有的形状都继承自该类。接下来，我们为每个形状定义一个类，除了圆形、长方形、三角形，我们还定义了菱形。每一个形状都有自己的属性存储自己独有的特征（如边长、半径等），这样在输出每个形状的时候就可以附带其独有的属性。现在，让我们考虑当需求变更又引入新的形状时的情况，我们想要扩展 public static void drawShapes(Shape[] shapes)函数的行为，使得该函数能够支持任意新增的形状，我们只需要新增一个图形类继承自 Shape 类即可，drawShapes 函数不需要做任何变动，因此，项目中所有其他的类似于 drawShapes 的函数也都不需要做任何变动。在示例代码 16.2 中可以看到，增加一个 Diamond 类型对于代码中的其他所有模块都没有任何影响，而示例代码 16.1 中为了能够新增对菱形的支持，必须改动 drawShapes 的代码。另外，我们在修改某个形状的行为和属性时，不会看到其他形状的行为和属性，各个形状之间是互相隔离的，其行为不再交织于同一个函数中（如 drawShapes）。由此可见，采用面向对象方法实现的示例代码 16.2 具有更高的可扩展性。 示例代码 16.2 的运行结果如图 16.1 所示。

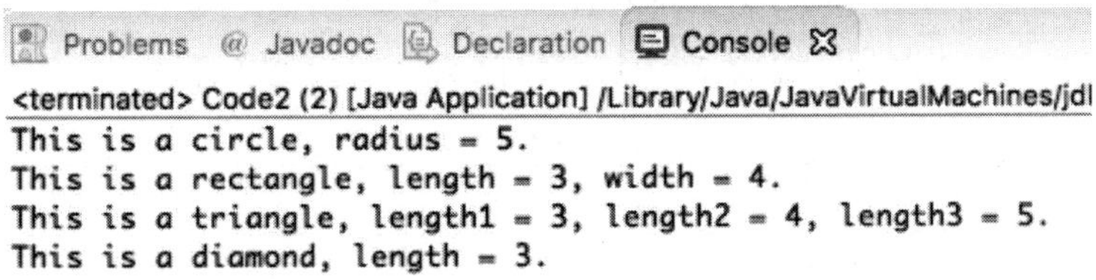

图 16.1　示例代码 16.2 的运行结果

▷▷▷ 开放封闭原则

示例代码 16.1 和示例代码 16.2 实现的是同样的功能，但示例代码 16.2 的设计优于示例代码 16.1 的设计，原因是示例代码 16.2 符合开放封闭原则。

符合开放封闭原则的设计具有以下两个特征：

（1）对于扩展是开放的。这一特征表示模块的行为是可以扩展的，当需求变更时，我们可以对模块进行扩展，使其满足那些改变的新行为。在示例代码 16.2 中，drawShapes 函数对于扩展是开放的，我们可以任意添加图形类使其继承自 Shape 类（如 Diamond 类），drawShapes 函数支持新增的任意图形类。

（2）对于修改是封闭的。这一特征表示在对模块进行扩展时，不需要改变模块的代码。在示例代码 16.2 中，我们在扩展 drawShapes 函数的行为时，并没有改变 drawShapes 函数的代码，因此说 drawShapes 函数对于修改是封闭的。

这两个特点看上去是矛盾的，如何在不修改模块源码的前提下扩展模块的行为呢？面向对象的设计思想使得做到这一点成为可能，而这其中最重要的一步是完成抽象。正如示例代码 16.2 所示，由于我们完成了对图形的抽象，即 Shape 类，drawShapes 函数因而能够满足开放封闭原则，通过新增 Diamond 类，而不改变 drawShapes 函数的代码，我们实现了开放封闭原则。

现在我们可以回答本节一开始提出的问题了：我们为什么要编写类？这么做是不是让问题更复杂了？对于简单的需求，我们也许可以采用面向过程的思想完成设计，比如采用 if else 语句。但是当需求变得复杂，维护这种实现的成本会越来越高。编写类在初期看起来成本是较高的，但是随着项目需求的变更，这样的设计会使得后期扩展变得更容易。

▷▷▷ 面向对象的基本特征

如果读者刚接触面向对象，对于示例代码 16.2 可能还存在一些疑惑，这一部分中我们将结合示例代码 16.2 讲述面向对象设计的三个基本特征:**封装、继承、多态**。

封装：指利用抽象数据类型将数据和基于数据的操作包装在一起，使其构成一个不可分割的独立实体，数据被保护在抽象数据类型的内部，尽可能地隐藏内部的细节，只保留一些对外接口使之与外部发生联系。系统的其他对象只能通过包裹在数据外面的已经授权的操作来与这个封装的对象进行交流和交互。用户是无须知道对象内部的细节的，但可以通过该对象对外提供的接口来访问该对象。

在示例代码 16.2 中，我们将每一种图形都独立封装起来：圆形拥有的属性有半径，拥有的行为有 draw；长方形拥有的属性有长和宽，同样拥有行为 draw，等等。这样我们就能把相关的一组信息封装到一个对象中。以 Circle 为例，radius 是私有成员，外部函数无法调用这一属性，Circle 类想隐藏这一内部细节，外部函数只能够调用 Circle 对象的 draw 方法。

继承：继承是使用已存在的类的定义作为基础建立新类的技术。如果一个类 B 继承自另一个类 A，则 A 为 B 的父类，B 为 A 的子类。子类的定义可以增加新的数据或新的功能，也可以复用父类的功能，通过使用继承我们能够非常方便地复用原有的代码，从而提高开发的效率。

在示例代码 16.2 中，我们首先定义了抽象类 Shape，这是所有形状的共有父类，在 Shape 类中，我们定义了抽象方法 draw，这个方法在父类 Shape 中没有被实现，而是留到子类中去实现。对于不同的形状，我们分别定义了对应的类：Circle，Rectangle，Triangle，Diamond。这些类都继承自 Shape，因此都拥有 draw 方法。我们在各个类中分别覆写了 draw 方法，使得每个子类都有对 draw 方法的各自不同的实现。

为了实现开放封闭原则，最重要的一步便是抽象，我们总结各种形状的共有特征并进行抽象，得到 Shape 类，所有形状的公共方法为 draw 方法，模块依赖于这个固定的抽象体 Shape，因此对于修改是封闭的。同时，通过这个抽象体 Shape 可以派生新的类，因此对于扩展是开放的。

多态：同一操作作用于不同的对象，可以有不同的解释，产生不同的执行结果。在运行时，可以通过指向基类的引用，来调用派生类中的方法。建立一个父类对象的引用，它所指对象可以是这个父类的对象，也可以是它的子类的对象。子类拥有和父类同名的函数，当通过这个父类对象的引用调用这个函数的时候，调用到的是子类中的函数。

在示例代码 16.2 中，drawShapes 函数通过父类的引用调用对象的 draw 方法，尽管是通过父类引用调用的，但实际被调用的却是具体的子类的方法，输出结果如图 16.1 所示。开放封闭原则能够得到遵循正是因为有着多态的支持，相同的代码能够依据运行时对象的不同表现出不同的行为。

17. 组合还是继承？如何选择？

在学习了面向对象的知识以后，我们对于复用代码的两种方式——组合与继承，有了基本的了解。组合实现代码复用的方式是，在新类中创建现有类的对象，通过现有类的对象调用其中的成员和方法。继承实现代码复用的方式是，子类无须改变自己的形式，自动拥有父类的功能，所有改动都在父类现有的基础上进行。既然组合与继承都能达到复用代码的目的，我们应该如何在这两种方法之间做出选择呢？这两种方法又有什么区别呢？

▷▷▷ **交通工具的设计**

问题：请设计一组交通工具类（包括公交车、自行车、飞机、直升机等），要求每一种交通工具都可以输出自己的名称，也可以输出自己的运行方式。

使用继承：直观地，很容易想到使用继承来完成设计。首先定义一个父类 Vehicle，接下来定义每种具体的交通工具继承自 Vehicle 类。我们可以在 Vehicle 类中定义 display 方法输出交通工具的名称，由于每种交通工具的名称都可以通过当前对象的 getClass 方法获取（即类名），因此我们在 Vehicle 父类中实现 display 方法，子类型行为的相似性使得我们可以将方法的实现定义到父类中，每一个子类直接继承而不必重写该方法。接下来，我们在 Vehicle 类中定义 travel 方法输出交通工具的运行方式，由于不同的交通工具具有不同的运行方式，如果在父类中定义了该方法，所有子类都将继承这份相同的代码，因此不适合在父类中统一定义 travel 方法，于是我们在 Vehicle 中将 travel 方法定义为抽象方法，每个子类的 travel 方法具有各自的实现，该设计的具体实现见示例代码 17.1。

示例代码 17.1

```java
package program.chapter17;
abstract class Vehicle{
    public void display(){
        System.out.print(this.getClass().getSimpleName() + ": ");
    }
    public abstract void travel();
}

class Bus extends Vehicle{
```

```java
    public void travel(){
        System.out.println("Run on the ground.");
    }
}

class Bike extends Vehicle{
    public void travel(){
        System.out.println("Run on the ground.");
    }
}

class Plane extends Vehicle{
    public void travel(){
        System.out.println("Fly in the sky.");
    }
}

class Helicopter extends Vehicle{
    public void travel(){
        System.out.println("Fly in the sky.");
    }
}

public class Code1 {
    public static void main(String[] args){
        Vehicle[] vehicles = new Vehicle[4];
        vehicles[0] = new Bus();
        vehicles[1] = new Bike();
        vehicles[2] = new Plane();
        vehicles[3] = new Helicopter();

        for(int i = 0; i < vehicles.length; i++){
            vehicles[i].display();
            vehicles[i].travel();
        }
```

```
    }
}
```

示例代码 17.1 中定义了 4 种具体交通工具类继承自 Vehicle 类，在 main 函数中，我们利用多态的特性，在 for 循环中通过调用 Vehicle 引用的 display 方法和 travel 方法输出每种子类型交通工具各自的名称和运行方式，这里的设计是符合第 16 节中提到的开放封闭原则的，因为我们完成了对交通工具的抽象，输出结果如图 17.1 所示。

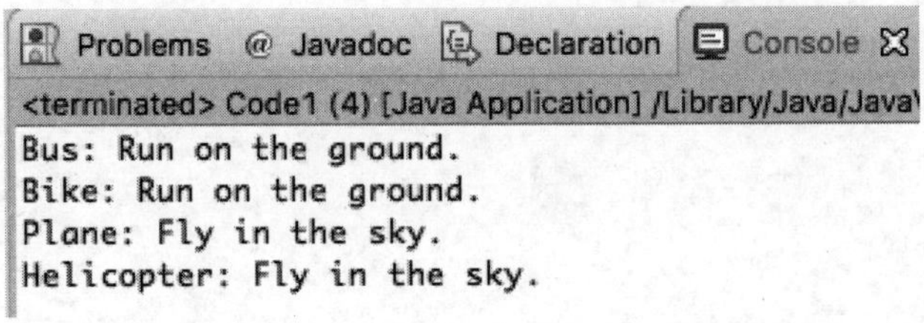

图 17.1　示例代码 17.1 的运行结果

在示例代码 17.1 中，尽管我们通过继承实现了 display 方法的复用，但无法通过继承实现 travel 方法的复用，原因是子类的 display 方法的行为具有相似性，可以将该方法提取到父类中，但子类的 travel 方法的行为却不具备相似性，无法将该方法提取到父类中。因此，我们为各个 Vehicle 的子类定义各自的 display 方法。但是这样的设计同样存在问题，我们发现，公交车和自行车的运行方式都是在地上行驶，飞机和直升机的运行方式都是在空中飞行，因此 Bus 类和 Bike 类的 travel 方法是完全一致的，Plane 类和 Helicopter 类的 travel 方法也是完全一致的，示例代码 17.1 中存在重复的代码！重复的代码是程序设计中臭名昭著的问题，如果一个庞大的系统中充斥着重复的代码，程序的修改就会变得异常困难，我们在修改一处代码的时候，很可能遗漏系统另一处重复的代码。想要避免这样的问题，我们必须时刻遵守 DRY（Don't repeat yourself）原则。那么，在交通工具设计这一问题中，有什么办法能够让我们避免编写重复的 travel 方法呢？

通过分析示例代码 17.1 可以发现，继承尽管可以实现代码复用，但继承的方法缺乏弹性。一旦父类定义了某个方法，子类便自动拥有了相同的方法实现，虽然子类可以重写该方法，但为每个子类重写方法的代价是巨大的，且可能再次引入代码重复的问题。下面让我们看看采用组合的方式完成的设计。

示例代码 17.2

```
package program.chapter17;
interface TravelMethod{
    public void operate();
}

class SkyMethod implements TravelMethod{
    public void operate() {
        System.out.println("Fly in the sky.");
    }
}

class GroundMethod implements TravelMethod{
    public void operate() {
        System.out.println("Run on the ground.");
    }
}

abstract class NewVehicle{
    private TravelMethod travelMethod;
    public void newTravel(){
        travelMethod.operate();
    }
    public void setTravelMethod(TravelMethod travelMethod){
        this.travelMethod = travelMethod;
    }
    public void display(){
        System.out.print(this.getClass().getSimpleName() + ": ");
    }
```

```
    }

class NewBus extends NewVehicle{
    public NewBus(){
        setTravelMethod(new GroundMethod());
    }
}

class NewBike extends NewVehicle{
    public NewBike(){
        setTravelMethod(new GroundMethod());
    }
}

class NewPlane extends NewVehicle{
    public NewPlane(){
        setTravelMethod(new SkyMethod());
    }
}

class NewHelicopter extends NewVehicle{
    public NewHelicopter(){
        setTravelMethod(new SkyMethod());
    }
}

public class Code2 {
    public static void main(String[] args){
        NewVehicle[] vehicles = new NewVehicle[4];
        vehicles[0] = new NewBus();
        vehicles[1] = new NewBike();
        vehicles[2] = new NewPlane();
        vehicles[3] = new NewHelicopter();

        for(int i = 0; i < vehicles.length; i++){
```

```
                vehicles[i].display();
                vehicles[i].newTravel();
            }

        System.out.println("\nTravel method before change:");
        vehicles[0].display();
        vehicles[0].newTravel();

        vehicles[0].setTravelMethod(new SkyMethod());
        System.out.println("\nTravel method after change:");
        vehicles[0].display();
        vehicles[0].newTravel();
        }
    }
```

示例代码 17.1 存在重复的原因是，Bus 与 Bike 具有相同的运行方式 A，Plane 与 Helicopter 具有相同的运行方式 B，然而 A 与 B 又是两种互不相同的运行方式，我们无法将 operate 方法抽象到父类 Vehicle 中去实现，因此即使采用继承，也只能将运行方式 A 和运行方式 B 的实现放到子类中，这就无法避免重复。

示例代码 17.2 解决这一问题的方式是，将交通工具的各种运行方式从函数中提取出来形成各种策略，并将每种策略都封装到对应的类中，且这些类具有相同的接口，互相之间可以进行替换。在示例代码 17.2 中，我们将 Bus 与 Bike 的运行方式抽出形成 GroundMethod，将 Plane 与 Helicopter 的运行方式抽出形成 SkyMethod，GroundMethod 与 SkyMethod 都实现相同的接口 TravelMethod，每一种运行方式的实现代码（即策略）被放到 operate 方法中。现在开始定义新的父类 NewVehicle（替代 Vehicle 类），我们可以这样思考新的设计方案，每一种交通工具都拥有一种自己的运行策略 TravelMethod，不同的交通工具具有不同的 TravelMethod 实现，但是所有交通工具输出自己运行方式的方法都是调用 TravelMethod 策略的 operate 方法，于是我们可以将 newTravel 方法的实现直接放到父类中了，即调用自己的运行策略

TravelMethod 的 operate 方法。而不同的交通工具想要表现出不同的运行方式，只需要在各自类定义中设置对应的 TravelMethod，例如在 NewBus 类中，我们为每个对象设置 TravelMethod 为 GroundMethod，而在 NewPlane 类中，我们为每个对象设置 TravelMethod 为 SkyMethod。NewVehicle 的 display 方法与示例代码 17.1 中的实现相同。

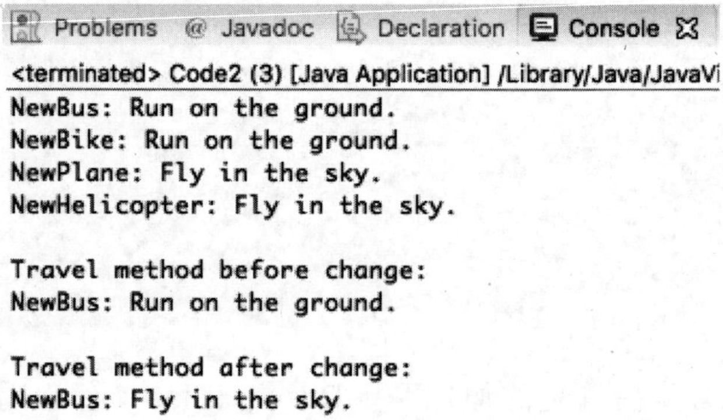

```
▤ Problems   @ Javadoc   ▣ Declaration   ▣ Console  ☒
<terminated> Code2 (3) [Java Application] /Library/Java/JavaVi
NewBus: Run on the ground.
NewBike: Run on the ground.
NewPlane: Fly in the sky.
NewHelicopter: Fly in the sky.

Travel method before change:
NewBus: Run on the ground.

Travel method after change:
NewBus: Fly in the sky.
```

图 17.2　示例代码 17.2 的运行结果

在示例代码 17.2 的 main 函数中，我们首先测试每一种具体的交通工具对象的 display 方法与 newTravel 方法。之后通过为交通工具对象设置新的策略，我们可以轻松改变对象的运行方式。将 NewBus 对象原有的 GroundMethod 策略替换为 SkyMethod 策略，我们将 NewBus 对象的运行方式变成了 "Fly in the sky"。示例代码 17.2 的运行结果如图 17.2 所示。

▷▷▷ 策略模式

示例代码 17.2 采用的设计模式便是著名的策略模式。策略模式的定义如下：我们定义一系列的算法，并将它们封装到一个个类中，这些类实现相同的接口，因此任意两个类都可以互相替换。每一个以这种方法封装的算法称为一个策略。

我们之所以将不同的算法抽出来形成单独的策略是因为，将这些算法硬编码进使用它们的类中可能引发如下问题：

（1）客户程序包含算法代码会变得更加复杂，这会使得客户程序变得庞大且难以维护，尤其当需要支持多种算法时，问题会更严重。

（2）当不同的客户程序实现相同的算法代码时便会引入代码重复的问题。

（3）不同时候需要不同的算法，策略模式可以使得算法的替换变得容易，将算法硬编码进使用它们的类中缺乏弹性。

（4）当算法是客户程序一个难以分割的成分时，增加新的算法或者改变现有算法会变得困难。

示例代码 17.2 的 UML 类图如图 17.3 所示。

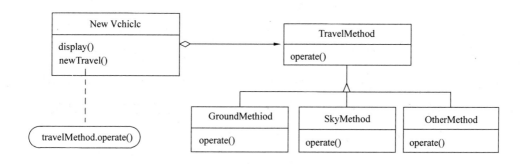

图 17.3　示例代码 17.2 的 UML 类图

▷▷▷ 组合与继承

通过示例代码 17.1 和示例代码 17.2，我们不难发现，组合与继承都是复用代码的重要方法。

继承的方法允许我们根据自己的实现重写父类的实现，父类的实现对于子类是可见的，故称为白盒复用。组合的方法要求建立一个好的接口，整体类（NewVehicle）和部分类（TravelMethod）之间不会去关心各自的实现细节，即它们之间的实现细节是不可见的，故称为黑盒复用。

继承是在编译时刻静态定义的，为静态复用，在编译后子类和父类的关系就已经确定了。而对于组合，整体类（NewVehicle）和部分类（TravelMethod）之间的关系是在运行时候才确定的，即在对对象没有创建运行前，整体类是不会知道自己将持有特定接口下的哪个实现类。在扩展方面组合比继承更具有弹性。正如示例代码 17.2 的设计所示，组合既解决了继承无法解决的代码重复的问题，又给予了每一种具体的交通工具类改变自己运行方式的能力，这正是得益于组合提供的动态复用的功能。

相比继承，对象的组合还有助于保持每个类的封装，并使得类的设计聚焦于单个任务上，符合类设计的单一职责原则。

现在让我们回答本节最开始提出的问题，我们应该如何在组合与继承之间做出选择呢？首先，组合是一种"has-a"的关系，继承是一种"is-a"的关系，我们在设计实现时首先需要分析两种类之间究竟是怎样的一种关系。通过示例代码 17.2 可以得出，继承是一种耦合度很高的方法，当遇到继承无法解决的问题时，我们就需要运用组合，相比而言，组合更具弹性，是一种耦合度很低的方法。正是因为组合的这些优点，我们可以优先考虑使用组合，但这绝不表示我们要放弃继承，大部分时候，这两种方法是会同时出现在我们的设计中的，就像示例代码 17.2 一样。

18. 为什么静态方法不能调用非静态成员？

static 关键字是很多初学者在阅读和编写 Java 代码时较难理解的一个关键字，类的数据成员可以用 static 关键字修饰，类的成员方法同样可以用 static 关键字修饰。添加了 static 关键字以后类的成员发生了怎样的变化？为什么静态方法不能调用非静态数据成员？

▷▷▷ 静态数据成员

我们首先来看一下静态数据成员的定义：当类的数据成员被声明为 static，意味着该数据成员被该类的所有实例共享，也就是说，当某个类的实例修改了该静态数据成员，其修改值为该类的所有实例可见。这样的定义可能显得很晦涩，让我们通过示例代码 18.1 来看看什么是静态数据成员。

示例代码 18.1

```
package program.chapter18;
class Bike{
    public int size;
    public int weight;
    private static int count = 0;

    public Bike(int size, int weight){
        this.size = size;
        this.weight = weight;
        count ++;
    }

    public static void displayCount(){
        System.out.println("There are " + count + " bikes in total.");
    }
}


public class Code1 {
    public static void main(String[] args){
        Bike.displayCount();
        Bike bike1 = new Bike(10, 100);
        Bike.displayCount();
        Bike bike2 = new Bike(20, 200);
        Bike.displayCount();
    }
}
```

在示例代码 18.1 中，我们定义了 Bike 类，通过该类可以生成 Bike 对象。
Bike 类的数据成员首先包括 size 和 weight，这两个 int 变量用来记录每一辆
自行车的尺寸和重量。Bike 类除了有这两个数据成员，还有一个静态数据成
员 count，这一变量的作用是记录当前一共生成过多少个 Bike 对象。在 Bike
的构造函数中，我们除了为 Bike 对象的 size 和 weight 赋值，也会操作 count

数据成员，使其值自增。Bike 类还有一个静态方法 displayCount()，该方法的作用是输出 count 的值，说明一共生成过多少个 Bike 对象。Main 函数中，我们共生成了两个 Bike 对象，在生成对象前后分别调用 displayCount()方法输出 count 的值。在分析静态成员与非静态成员的特征之前，我们先看一下示例代码 18.1 的运行结果，如图 18.1 所示。

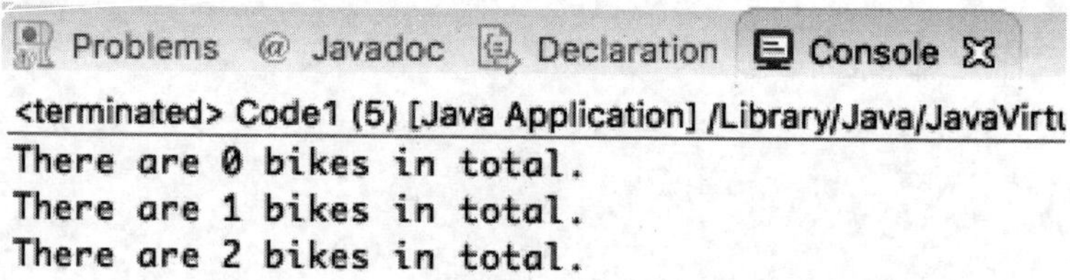

图 18.1 示例代码 18.1 的运行结果

读者也许已经有些理解 static 成员与非 static 成员的区别了。size 和 weight 这两个数据成员是 Bike 对象级别的，每一个通过 Bike 的构造函数 new 出的 Bike 对象都拥有一份属于自己的 size 和 weight，不同对象之间的 size 和 weight 互不相同，互相独立。但是 static 数据成员 count 具有完全不同的特点，所有的 Bike 对象共享同一个 count 值，确切地说，count 数据成员是 Bike 类级别的，而非 Bike 对象级别的，因此，每一次调用 Bike 的构造函数，全局唯一的 count 值都会完成自增。

我们可以将 Bike 类想象成一个自行车厂，而 new 生成的 Bike 对象则是这个自行车厂出厂的一辆辆自行车。每辆自行车的车身上都标注了自己的尺寸型号（size）与重量（weight）。在自行车厂中有一个师傅专门负责统计出厂了多少辆自行车（count），每当出厂一辆自行车，这位师傅都会在当前出厂的自行车数量上加 1。是的，非静态数据成员是属于对象的，静态数据成员是属于类的，这里只有一个自行车厂，因此也就只有一个 count 值，该值用来统计出厂了多少辆自行车，这就是静态数据成员与非静态数据成员最大的区别。

▷▷▷ 静态方法

理解了静态数据成员，便不难理解静态方法了。同静态数据成员一样，静态方法为类所有，因为静态方法是属于类的，因此提倡通过类名来调用（也可以通过对象来调用，效果与通过类名调用一致）。只要定义了类，静态方法就可以调用了，静态方法的调用不依赖于对象，而依赖于类。

在示例代码 18.1 中，displayCount()方法就是 Bike 类的静态方法，该方法负责输出静态数据成员 count 的值。我们可以在 main 函数中看到，displayCount()方法是通过 Bike 类来调用的，即 Bike.displayCount()，当然也可以通过对象来调用，效果同通过类名调用一致，因为在生成对象之前，类一定是已经存在的了，因此可以等价为通过类名调用。main 函数中，在生成bike1 对象之前，我们首先调用了 Bike.displayCount()，可以观察到输出结果为"There are 0 bikes in total."，此时并没有生成任何 Bike 对象，但是并不影响我们调用 displayCount()这一静态方法，因为我们是通过类调用静态方法的，而不是类对象。

静态数据成员与静态方法的特征是相似的，它们都属于类本身，而不属于该类的任何一个对象。依照自行车厂与自行车的比喻就是，静态数据成员是属于自行车厂的变量，静态方法也是属于自行车厂的方法，它们都不属于该厂生产的任何一辆自行车。

▷▷▷ 静态方法不能调用非静态数据成员

问题：静态方法为什么不能调用非静态数据成员？

解答：静态方法是属于类的，而非静态数据成员是属于对象的。我们通过类名调用静态方法，正如示例代码 18.1 中的 main 函数所示，我们共在 3个不同的时刻调用了 displayCount()方法，分别为：不存在 Bike 对象，只有一个 Bike 对象，有两个 Bike 对象。假设我们在静态方法中调用非静态数据成员，若存在多个对象，则静态方法无法确定应该关联到哪一个对象，此时甚至可能并不存在对象，又如何调用非静态数据成员呢？

问题：非静态方法可以调用静态数据成员或者静态方法吗？

解答：可以。非静态方法是属于对象的，我们在调用非静态方法时，是基于类对象调用的，此时类一定已经被加载了。且类的静态数据成员只存在一份，因此非静态方法在调用静态数据成员时不存在任何歧义，因为该静态数据成员是唯一且一定存在的。非静态方法同样可以调用静态方法，原因同上。

对于此类问题，初学者不必再死记硬背，只要理解了静态成员属于类本身，非静态成员属于对象这一本质原理，所有的问题便不难回答了。

19. Java 为什么不支持多继承？

Java 中使用 extends 关键字实现继承关系，但不同于 C++中的是，Java 不允许多继承，即一个类只能继承自一个类，而不能同时继承自两个类。Java 中还引入了接口的概念，但不同于继承的是，一个类可以实现多个接口。为什么 Java 中不支持多继承？为什么 Java 中一个类可以实现多个接口？

▷▷▷ 菱形继承问题

现实中存在这样的情况，一些人往往同时拥有两个或两个以上的身份，比如一个人既是一名老师，也是一位父亲。为了解决这个问题，C++引入了多重继承的概念，允许为一个子类指定多个父类，这样的继承结构被称做多继承。但是在 Java 中，多继承却没有被支持，为了弥补缺少多继承带来的缺点，Java 引入了接口这一概念，一个类可以实现多个接口。多继承会引发什么样的问题？我们不得不从经典的菱形继承问题（也称为钻石问题）开始讲解。图 19.1 展示了菱形继承问题的 UML 类图。

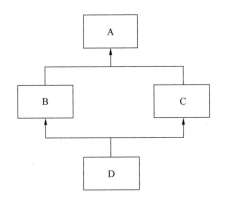

图 19.1　菱形继承问题的 UML 类图

图 19.1 中，类 A 有两个子类为类 B 和类 C，假设 Java 中支持多继承，类 D 同时继承自类 B 和类 C。让我们来看一下菱形继承问题的示例代码 19.1。

示例代码 19.1

```java
package program.chapter19;
class A{
    public void display(){}
}

class B extends A{
    public void display(){
        System.out.println("B");
    }
}

class C extends A{
    public void display(){
        System.out.println("C");
    }
}

//Compile will fail since D could not extends B and C at the same time
```

```
class D extends B, C{}

public class Code1 {
    public static void main(String[] args){
        D d = new D();
        d.display();
    }
}
```

示例代码 19.1 对应图 19.1 的实现,这段代码是无法编译通过的,因为 Java 中不支持多继承,类 D 无法同时继承类 B 和类 C,现在我们假设 Java 中支持多继承,这段代码能够编译通过,再来看看会导致什么样的问题。在 main 函数中,调用 D 类对象 d 的 display()方法,由于类 D 没有实现重写 display 方法,因此方法的实现继承自父类,但是类 D 同时继承自类 B 和类 C,类 B 和类 C 中都重写了父类的 display()方法,且它们的实现各不相同。类 D 同时继承了类 B 和类 C,那么类 D 的 display()方法究竟继承的是类 B 还是类 C 的 display()方法呢?这就引发了二义性的问题。

多继承的时候,不仅成员方法可能存在二义性的问题,相同的数据成员也可能引发二义性问题,因此 Java 中禁止一个类继承自多个父类。

▶▶▶ 接口

没有了多继承,Java 又是如何解决一个事物同时具有两个或多个事物的属性的问题的呢?Java 的语法中禁止了多继承,而把这种功能放在了接口中实现。Java 对接口的实现采用 implements 关键字,允许一个类实现多个接口,这样就解决了一个事物同时具有两个或多个事物的属性的问题。由于接口只定义方法框架而不能有具体的实现,所以实现接口的类就必须去实现接口中的方法,实现类的对象调用的始终是自身类的方法实现,因此就不会有二义性的问题了。

20. 为什么要定义接口？接口有什么用？

在第 19 节中，我们讨论了 Java 中不支持多继承的原因，并且了解到 Java 通过引入接口解决了一些因为不能使用多继承而导致的问题。除了代替多继承这个功能，接口还有什么用呢？熟悉面向对象编程的读者一定也听过"面向接口编程"这个说法，到底什么是"面向接口编程"，"面向接口编程"能给我们的程序带来什么好处呢？通过学习本节，读者能够理解接口的作用，以及我们为什么要在程序中定义接口。

▷▷▷ 数据存储问题

让我们首先从一个数据存储的例子开始本节的内容。我们想要实现一个数据存储类，该类的主要职责是与数据库进行连接，实现增删改查等功能。

示例代码 20.1 分别给出了数据存储类 DBhandler 的实现（负责连接数据库并实现增删改查），数据对象类 Item 的实现（被存储的数据类型）。为清晰起见，DBHandler 类中我们只编写了"增"与"查"的方法，且省略了这两个方法的具体实现。在 main 函数中，首先生成了一个 Item 对象 item，之后生成了一个 DBHandler 对象 handler，通过调用 handler 的 save()方法我们将 item 存储到数据库中。同时，我们也可以通过 handler 的 queryNameById()方法从数据库中查询 id 为 1 的 Item 的 name 属性。

示例代码 20.1

```
package program.chapter20.code1;
class Item{
    public int id;
    public String name;
    public Item(int id, String name){
        this.id = id;
        this.name = name;
```

```
        }
    }

class DBHandler{
    public void save(int id, String name){
        // implementation of this method is omitted
    }
    public String queryNameById(int id){
        String ret;
        // get string value from database according to item id
        // here use a mock string
        ret = "mock string";
        return ret;
    }
}

public class Code1 {
    public static void main(String[] args){
        // define an item first
        Item item = new Item(1, "TestItem1");
        // save this item into database using a DBHandler object
        DBHandler handler = new DBHandler();
        handler.save(item.id, item.name);
        // query this item from database using a DBHandler object
        String name = handler.queryNameById(1);
    }
}
```

示例代码 20.1 一直工作得很好,直到有一天,我们发现示例代码 20.1 的设计存在改进的空间:DBHandler 的 save()方法与 queryNameById()方法的参数都可以修改为 Item 对象。于是我们对示例代码 20.1 中的 DBHandler 类进行了修改,修改后的代码如示例代码 20.2 所示。

示例代码 20.2

```java
package program.chapter20.code2;
class Item{
    public int id;
    public String name;
    public Item(int id){
        this.id = id;
    }
    public Item(int id, String name){
        this.id = id;
        this.name = name;
    }
}


class DBHandler{
    public void save(Item item){
        // implementation of this method is omitted
    }
    public String queryName(Item item){
        String ret;
        // get string value from database according to item id
        // here use a mock string
        ret = "mock string";
        return ret;
    }
}


public class Code2 {
    public static void main(String[] args){
        // define an item first
        Item item = new Item(1, "TestItem1");
        // save this item into database using a DBHandler object
        DBHandler handler = new DBHandler();
        handler.save(item);
```

```
        // query this item from database using a DBHandler object
        String name = handler.queryName(new Item(1));
    }
}
```

现在，在 DBHandler 类中，save()方法的定义变为了 public void save(Item item)，queryNameById()方法的定义变为了 public String queryName(Item item)。尽管这是两个非常小的改动，但是在我们的项目中，所有调用 DBHandler 对象的 save()方法和 queryNameById()方法的地方都需要进行修改（示例代码中只有 main 函数中用到了这两个方法，因此只需要修改 main 函数中的方法调用，但设想当我们的项目十分庞大，各个文件中存在大量的对 DBHandler 对象的 save()方法和 queryNameById()方法的调用时，做出这些修改的代价是巨大的）。

产生这一问题的原因是，我们在应用程序中编写的大部分具体类都是不稳定的（不稳定即容易产生变化），当高层模块（在上述例子中是 main 函数）直接依赖于这些不稳定的低层模块（在上述例子中就是 DBHandler 类），一旦被依赖的低层模块产生变化，高层模块也需要做出相应变化。

▷▷▷ 依赖倒置原则

在数据存储的例子中，我们发现直接依赖于我们自己编写的具体类存在不稳定性的问题。依赖倒置原则正是为了解决这样的问题而被提出的。以下是依赖倒置原则的核心特征：

（1）高层模块不应该依赖于低层模块，二者都应该依赖于抽象。

（2）抽象不应该依赖于细节，细节应该依赖于抽象。

在示例代码 20.1 与示例代码 20.2 中，main 函数直接调用了具体类 DBHandler 的方法，因此高层模块是直接依赖于低层模块的，这样的设计不符合依赖倒置原则。以示例代码 20.2 为例，其 UML 类图如图 20.1 所示，可以看出 Code2 对 DBHandler 的直接依赖。

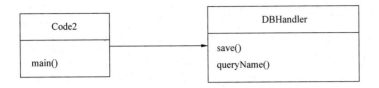

图 20.1 示例代码 20.2 的 UML 类图

依据"高层模块与低层模块都依赖于抽象"这一原则，我们可以通过定义接口解决示例代码 20.1 与示例代码 20.2 的设计存在的问题。在示例代码 20.2 中，数据存储是通过类 DBHandler 实现的，我们可以定义一个数据存储的接口规范增删改查等行为，具体实现如示例代码 20.3 所示。

示例代码 20.3

```
package program.chapter20.code2;
interface ItemDAO {
    void save(Item item);
    String queryName(Item item);
}

class DBDAOImpl implements ItemDAO{
    public void save(Item item) {
        // implementation of this method is omitted
    }

    public String queryName(Item item) {
        String ret;
        // get string value from database according to item id
        // here use a mock string
        ret = "mock string";
        return ret;
    }
}

public class Code3 {
```

```
public static void main(String[] args) {
    // define an item first
    Item item = new Item(1, "TestItem1");
    // save this item into database using a ItemDAO object
    ItemDAO dao = new DBDAOImpl();
    dao.save(item);
    // query this item from database using a ItemDAO object
    String name = dao.queryName(new Item(1));
    }
}
```

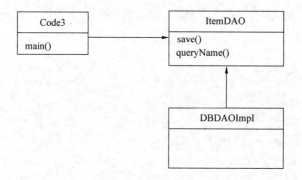

图 20.2　示例代码 20.3 的 UML 类图

　　在示例代码 20.3 中，ItemDAO 接口定义了数据库的增删改查行为，接口只定义了方法而不进行实现。DBDAOImpl 类实现了 ItemDAO 接口，因此 DBDAOImpl 依赖于抽象 ItemDAO。main 函数中，我们定义了 ItemDAO 对象 dao，因此 main 函数也依赖于抽象 ItemDAO。这一设计是符合依赖倒置原则的，示例代码 20.3 的 UML 类图如图 20.2 所示。相比之前的设计，我们可以发现，main 函数不再依赖于 DBDAOImpl，Code3 与 DBDAOImpl 都依赖于抽象 ItemDAO，通过将 DBDAOImpl 隐藏在抽象接口 ItemDAO 后面，可以隔离 DBDAOImpl 的不稳定性。

▶▶▶ 接口是一种规范，降低了模块的耦合性

　　让我们回顾示例代码 20.3 的设计，为何接口可以隔离实现类的不稳定性

呢？接口其实是一种规范，在接口中，我们不编写任何方法的实现，而只给出方法的定义，通过阅读接口，我们可以很清楚这个接口是用来做什么的，而不用关心具体应该如何去做。在编写具体的实现类之前，我们首先分析该类要实现哪些功能，抽象出该类的行为形成接口，而不分析具体如何去实现，这也就是我们所说的"面向接口编程，而非面向实现编程"。定义接口的过程即定义行为准则的过程，该过程需要我们对类的行为进行分析并做出抽象，比起直接依赖于具体实现，依赖于接口显然更具有稳定性，因为接口的行为是程序员在编写实现之前达成的一种"契约"，大家都会按照这一标准规范进行编程。

接口降低了模块的耦合性。同样以数据存储问题为例，假设项目组的数据库出现了问题，项目组决定临时采用文件系统进行存储。我们不能再使用 DBDAOImpl 进行数据存储了，而需要编写新的类 FileDAOImpl，该类同样实现了 ItemDAO 接口，新的设计如示例代码 20.4 所示。

示例代码 20.4

```
package program.chapter20.code2;
class FileDAOImpl implements ItemDAO{
    public void save(Item item) {
        // implementation of this method is omitted
        // method could be totally different from DBDAOImpl's save
    }

    public String queryName(Item item) {
        String ret;
        // get string value from file according to item id
        // here use a mock string
        ret = "mock string";
        return ret;
    }
}

public class Code4 {
```

```
public static void main(String[] args) {
    // define an item first
    Item item = new Item(1, "TestItem1");
    // save this item into file using a ItemDAO object
    ItemDAO dao = new FileDAOImpl();
    dao.save(item);
    // query this item from file using a ItemDAO object
    String name = dao.queryName(item);
}
}
```

  我们在 main 函数中所做的改动仅仅是在生成 ItemDAO 对象时调用了 FileDAOImpl 的构造函数，由于多态的特性，dao 调用 save()函数与 queryName() 函数都不需要被改写。main 函数的代码是依赖于接口 ItemDAO 的，而不依赖于 DBDAOImpl，因此我们只需要将 dao 对象从 DBDAOImpl 对象替换为 FileDAOImpl 对象即可，dao 的所有调用都不需要做出改变。接口降低了模块之间的耦合性，使得模块的替换与重用变得非常容易。

五、认识程序

21. Java 中的异常处理机制有什么优点？

　　学习 Java 编程，就不得不学习 Java 中的异常处理机制，因为异常处理是 Java 中唯一的错误报告机制，且编译器会强制执行该机制。读者也许已经了解了异常处理的基本概念，但是 Java 中的异常处理机制相比 C 中的异常处理有什么优点呢？在本节，我们将首先学习 Java 中异常处理的基本语法与异常体系结构，并将理解 Java 中的异常处理有什么优点。

▶▶▶ Java 异常的定义

　　Java 中的异常是指当程序运行过程中出现了错误，程序会通过 new 在堆上创建异常对象，当前的程序执行路径会提前终止，并且从当前环境中弹出对异常对象的引用。例如我们在使用 Java 的 IO 操作打开一个文件时，若程序依据指定路径找不到文件（即文件不存在），程序就会停止继续执行，同时抛出一个 FileNotFoundException 异常对象。

在 Java 中，对异常的处理是强制的（运行时异常除外，在 Java 异常体系结构中会说明），程序员必须在编写代码时对所有可能抛出的异常进行处理：

（1）使用 try-catch 结构捕获异常并且处理该问题；

（2）或者在函数方法的声明后使用 throws 列出可能抛出的异常来告知函数调用者处理该问题。

如果方法中的代码可能产生异常但没有进行处理，编译器就会发现这个问题并提醒程序员，要么处理这个异常，要么在异常说明中表明该方法可能产生异常，让方法调用者来处理这个异常，这种自顶向下强制执行的异常说明机制能够确保应用中没有未处理的错误（当然我们允许异常在最顶层仍然被抛出而不处理，但是必须在顶层函数的异常说明中列出该异常，这也被视为已经被程序员处理）。

▷▷▷ Java 异常的基本语法

示例代码 21.1

```java
package program.chapter21;
import java.io.FileNotFoundException;
import java.io.FileReader;

public class Code1 {
    public static void readFileWithTryCatch(){
        try {
            FileReader reader = new FileReader("test.txt");
            System.out.println("in try");
        } catch (FileNotFoundException e) {
            System.err.println("in catch");
        } finally{
            System.out.println("in finally");
        }
    }
```

```
public static void readFileWithoutTryCatch() throws FileNotFound-
Exception{
    FileReader reader = new FileReader("test.txt");
}
}
```

示例代码 21.1 给出了对异常进行处理的两种方式。readFileWithTryCatch()
函数通过 try…catch 语句块对可能抛出异常的代码进行封装，
readFileWithoutTryCatch()函数使用 throws 列出可能抛出的异常。

在本节，我们重点关注异常处理的第一种方式。try 语句块用于封装可能
抛出异常的代码，try 语句块中代码受异常监控。catch 语句块会捕获 try 代码
块中抛出的异常并在其代码块中做异常处理，catch 语句带一个 Throwable 类
型的参数，表示可捕获异常类型。当 try 中出现异常时，catch 会捕获到发生
的异常，并和自己的异常类型匹配，若匹配，则执行 catch 块中的代码，并
将 catch 块参数指向所抛的异常对象。catch 语句可以有多个，用来匹配多个
中的一个异常，一旦匹配成功就不再尝试匹配之后的其他 catch 块了。finally
语句块是紧跟 catch 语句后的语句块，这个语句块总是会在方法返回前执行，
而不论 try 语句块中是否发生了异常。

当 test.txt 文件不存在时，readFileWithTryCatch()的运行结果是控制台输
出"in catch"与"in finally"，不会输出"in try"，因为程序执行到 FileReader
reader = new FileReader("test.txt");时就会从 try 语句块退出。当 test.txt 文件存
在时，readFileWithTryCatch()的运行结果是控制台输出"in try"与"in finally"，
不会输出"in catch"，因为没有抛出异常。

在 readFileWithoutTryCatch()的定义中可以看到 throws 关键字，throws
告知方法的调用者，该方法可能会抛出哪些异常，调用者就可以进行相应的
处理。这一部分称为异常说明，属于方法声明的一部分。

▷▷▷ Java 异常体系结构

在 Java 中，任何可以作为异常被抛出的类均继承自 Throwable。Throwable

对象分为两种类型，如图 21.1 所示。Error 表示编译和系统错误（程序员通常不关心），Exception 是可以被抛出的基本类型。其中异常类 Exception 又分为运行时异常(RuntimeException)和非运行时异常，运行时异常也被称为不受检查异常（Unchecked Exception），非运行时异常也被称为受检查异常（Checked Exception）。

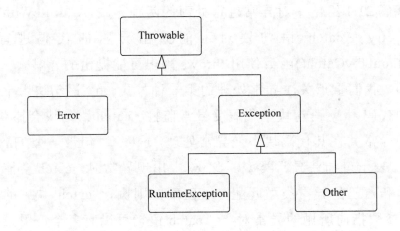

图 21.1　Java 异常 UML 类图

▶▶▶ Java 异常处理机制的优点

在学习了 Java 异常处理机制之后，我们回顾本节最开始提出的问题，相比 C 语言中的异常处理，Java 中的异常处理机制有什么优点呢？

我们首先来看一下 C 语言中是如何处理异常的。C 语言的异常处理并不属于语言的一部分，而是建立在一些约定俗成的基础之上。在 C 语言中，当我们调用一个函数时，调用成功或者失败的信息通常包含在函数的返回值中，如果被调函数发生异常，函数通常会返回某个特殊值来向函数调用者传递这一信息，这就假设了函数调用者将对这个返回值进行检查，以判定是否发生了异常。然而程序员在编写函数时，更多时候容易忽略对返回值进行检查，于是即使被调函数已经发生了异常，程序员如果没有检查该异常，程序仍然会沿着原来的执行路径继续执行，尽管程序已经陷入了错误的状态。

相比而言，Java 中的异常处理是强制执行的，当异常被抛出，程序员可能并不清楚应该怎样处理这个问题，但是程序员必须知道异常发生了并且不应该忽略，如果自己无法处理，也必须将这个异常传递到更高的层次，由上层调用者来处理。这是 Java 异常处理机制的另一个优点，即该机制能够降低错误处理代码的复杂度，如果程序中发生了异常，我们不需要在每一个调用函数的地方检查是否发生了异常，且只需要在一个地方处理这个异常。在 Java 的异常处理中，我们可以将正常的执行逻辑与异常处理的代码分隔开。

22. throws 还是 try…catch？异常处理原则

第 21 节中，我们学习了 Java 中的异常处理机制以及该机制的优点。当异常被抛出时，我们有两种处理异常的办法，一是通过 try 语句块将抛出异常的代码段包装起来，在 catch 语句块中编写处理该异常的代码；二是使用 throws 列出可能抛出的异常来告知函数调用者处理该问题。那么我们究竟应该如何在这两种方法之间选择呢？当异常出现，我们应该使用 throws 还是 try…catch？

▷▷▷ throws 还是 try…catch

当我们想要读取一个文件的内容时，可以通过生成一个 FileReader 对象来操作文件，但是在生成该对象时，由于可能会抛出一个 FileNotFoundException，这是一个受检查的异常，因此若不对该异常进行处理，编译器会报错。有些集成开发环境会提示解决该问题的两种方法：

（1）通过 try…catch 捕获并处理该异常。

（2）使用 throws 列出该异常。

许多刚接触 Java 编程的初学者习惯采取第（1）种方法，通过使用 try…catch 就能够捕获异常，这样程序在运行过程中便不会崩溃了，采用这种方式编写出来的代码如示例代码 22.1 所示。

示例代码 22.1

```
package program.chapter22;
import java.io.FileNotFoundException;
import java.io.FileReader;

public class Code1 {
    public static void main(String[] args){
        try {
            FileReader reader = new FileReader("test.txt");
        } catch (FileNotFoundException e) {
            // TODO Auto-generated catch block
            e.printStackTrace();
        }
    }
}
```

通过 try…catch 的包装，即使代码抛出 FileNotFoundException 异常，也会被 catch 语句块捕获，因此程序能够通过编译。这样的处理方法虽然简单，却在无意中"吞食"了异常，尽管我们已经在 catch 语句块中打印了栈轨迹，但是我们并不知道应该如何处理这个异常。有时候我们甚至不在 catch 语句块中做任何的处理，异常确实发生了，经过 try…catch 语句块"吞食"之后却完全消失了，所以当我们并不知道应该如何应对这个异常时，采用 try…catch 的做法虽然简单，其实却是非常糟糕的。

这是每一个初次接触 Java 异常处理机制的程序员都可能犯的错误，每当一个 exception 被抛出来之后，我们都倾向于 catch 住它，然后为这个 exception 打一个 log，之后程序仍然可以继续运行，但此时程序的状态已经不正常了，我们却对发生的异常置之不理，试图让程序"带病运行"。最后，当这些不正常的状态积累到一定的地步，程序崩溃了，此时我们去查找问题时将面对一大堆错误信息的 log，想要找到根本原因（最开始的那个 exception）变得异常困难。

现在读者应该知道了，当我们面对一个我们并不知道如何处理的异常时，最好的办法就是让这个异常抛出去，而不是"吞食"它，尽管抛出异常可能会让程序在运行过程中崩溃，但我们能够第一时间发现问题，而将所有的异常都 catch 住的做法等同于隐藏问题。

当异常发生时，如果我们能够处理这个异常，就通过 try…catch 语句块去捕获并且处理该异常。如果我们不能处理这个异常，就在我们的函数声明中加上 throws 关键字，并将这个异常列入 throws 之后的异常列表，这样异常就会在我们这个函数中被抛出，交由函数调用者去处理，如果上层调用者也处理不了这个异常，那就不去处理，继续让这个异常向上抛出，如果整个程序都不知道如何处理该异常，那就让程序崩溃，这种方式比"吞食"异常好。

采用 throws 方法改写的代码如示例代码 22.2 所示。我们在 main 函数的声明中采用关键字 throws 列出 FileNotFoundException，表示 main 函数无法处理 FileNotFoundException 异常，可能会抛出，函数的调用者需要考虑如何应对该异常。这样在 main 函数中就不需要通过 try…catch 来捕获并处理异常了。为了简便起见，我们直接将可能抛出异常的语句写在了 main 函数中，实际编程中我们可能在任何函数的编写过程中抛出异常，因此函数的调用者就需要考虑如何处理函数异常说明中列出的所有可能抛出的异常。在示例代码 22.2 中，由于我们定义 FileReader 对象的语句直接放在了 main 函数中，已经是程序最顶层的函数，因此如果抛出异常，程序就会崩溃，我们能第一时间获得异常的信息，从而得知程序崩溃是由于文件不存在导致的。

示例代码 22.2

```
package program.chapter22;
import java.io.FileNotFoundException;
import java.io.FileReader;

public class Code2 {
    public static void main(String[] args) throws FileNotFound-
    Exception{
        FileReader reader = new FileReader("test.txt");
    }
}
```

▷▷▷ 转换为不受检查的异常

当我们编写程序时，如果代码可能产生受检查的异常，我们就必须采用上述两种方法中的任意一种来处理异常。我们可以通过 throws 列出我们编写的函数可能抛出的异常（例如在示例代码 22.2 中，我们在 main 函数的声明中使用 throws），尽管很方便，但不幸的是这并不是通用的方法。与此同时，我们确实不知道应该如何处理这个异常，但是我们也不想"吞食"该异常（我们不想仅仅打印一些错误信息）。因此，throws 和 try⋯catch 似乎都不能解决问题了，是否有别的方法既不改变函数声明，又不吞食异常呢？

在第 21 节的内容中，我们学习了 Java 异常体系结构，知道 Exception 类又分为运行时异常和非运行时异常，运行时异常（RuntimeException）是不受检查的异常，如果程序中产生 RuntimeException，我们是不需要对这类异常进行处理的，这给我们解决上述问题提供了一个思路：我们可以把受检查的异常包装进 RuntimeException 里，如示例代码 22.3 所示。

示例代码 22.3

```java
package program.chapter22;
import java.io.FileNotFoundException;
import java.io.FileReader;

public class Code3 {
    public static void main(String[] args){
        try {
            FileReader reader = new FileReader("test.txt");
        } catch (FileNotFoundException e) {
            throw new RuntimeException(e);
        }
    }
}
```

在示例代码 22.3 中，尽管我们通过 try⋯catch 捕获了 FileNotFound-

Exception 异常，但我们并没有"吞食"该异常，而是将该异常包进了一个 RuntimeException 异常并且抛了出去，因此 main 函数仍然是可能抛出异常的，但是由于 RuntimeException 是不受检查的异常，我们不必把该异常放到方法的异常说明中。这个办法成功解决了我们遇到的问题，我们既没有"吞食"该异常，也没有把它放到函数的异常说明中，且异常链还能保证不丢失任何原始异常信息。

▷▷▷ **异常处理的原则**

异常处理的原则主要有三条：

（1）具体明确；

（2）提早抛出；

（3）延迟捕获。

具体明确是指异常应该能够通过异常类名与 message 信息说明异常的种类和产生异常的原因。具体明确的异常种类与信息能够帮助我们方便地找出程序出错的原因。

提早抛出是指我们编写的程序应该尽可能早地发现并抛出异常，便于我们精确定位问题。

延迟捕获就是我们本节主要讨论的原则，只有在我们知道如何处理这个异常时才去捕获它，否则就应该抛出异常，交给高层调用者去捕获，这就是延迟捕获。

调试程序最难的并不是修复漏洞，而是通过日志在纷繁的代码中找到问题所在，只有遵循以上三条原则处理异常，我们才能编写出更健壮的代码。

23. 什么是输入流和输出流？装饰器模式的应用

输入输出是构成一个程序必不可少的模块，但对于初次编写 I/O 相关代码的程序员来说，理解输入流与输出流的概念似乎存在一定的障碍。例如我们可能将输入与输出的定义完全搞反，同时，编写 Java 代码的程序员大都会在一开始被 Java I/O 系统庞大的类库吓倒，想要读取一个文件的内容通常会需要层层 new 出多个输入流对象，没有接触过装饰器模式的同学可能会一头雾水。本节我们将学习 Java 中的输入流和输出流，并学习定义输入输出流所用到的装饰器模式。

▷▷▷ 输入流和输出流

编程语言中对于输入输出通常采用"流"的概念，之所以采用"流"这一称呼，是因为"流"形象地表达了数据从一端传输到另一端的过程，我们可以将传输过程想象为数据在管道中流动的过程，管道的两头分别是数据的源头和数据流向的终点。我们可以在管道的一头分段写入数据，这些数据段会按先后顺序形成一个长的数据流，而管道另一端读取数据的人看不到数据流在写入时的分段情况，每次可以读取其中的任意长度的数据，但必须按照写入的顺序读取。因此，无论写入时是将数据分段写入，还是整体写入，读取时的效果是一致的。"流"的一个特点是，它屏蔽了实际的 I/O 设备中处理数据的细节。

初次使用 Java I/O 编写代码的同学可能会将输入与输出的概念理解反，想要建立正确的理解其实非常简单，只需要站在程序本身的角度思考行为即可。例如，当我们设计这样一个程序：读取一个文件的内容并打印到控制台。程序功能划分为两部分，首先是从文件读取内容，因为文件是数据源，我们编写的程序想要获取文件的内容，因此这里需要调用输入流（将内容输入到程序中）；然后是将文件内容打印到控制台，此时程序成了数据源，因此这里需要调用输出流（将内容从程序输出到控制台）。

程序从输入流读取数据，向输出流写入数据，读取数据和写入数据的地方包括文件、控制台、网络链接等，输入流和输出流的概念如图 23.1 所示。

▷▷▷ Java I/O 流类库

Java 依据输入流与输出流，字符流与字节流划分为 4 种基本数据流，如

表 23.1 所示。输入流与输出流在上一部分已经介绍过，下面主要看一下字节流与字符流的区别。在最开始，Java 中只支持面向字节形式的输入流 InputStream 与输出流 OutputStream，为了更好地兼容 Unicode 字符，Java 1.1 对基本的 I/O 流类库进行了扩充，引入了支持面向字符形式的输入流 Reader 和输出流 Writer，这样就可以以字符而不仅是字节的形式输入和输出了，设计 Reader 和 Writer 类是为了支持国际化。

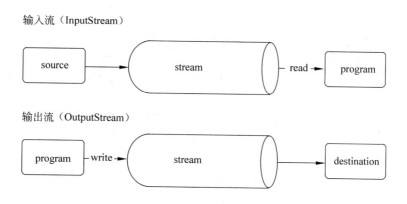

图 23.1　输入流与输出流的概念图

表 23.1　C++中的各种基本数据类型

选　　项	字　节　流	字　符　流
输入流	InputStream	Reader
输出流	OutputStream	Writer

Java I/O 的流类库框架如图 23.2 所示。以 InputStream 为例，每一种数据源都有相应的 InputStream 子类。特别地，FilterInputStream 也是一种 InputStream，但是该类不同于其他 InputStream 子类的地方是，该类为装饰器类提供基类（Java 的 I/O 用到了装饰器模式，我们会在下一部分展开讨论），在 FilterInputStream 下又多个不同的装饰器类，用来帮助我们以更多样化的形式获取输入流，例如 BufferedInputStream 可以帮助我们在读取数据时降低对外存访问的频率。计算机访问外部设备非常耗时，访问外存的频率越高，CPU 闲置的时间越久。为减少访问外存的次数，应在一次对外设的访问中读

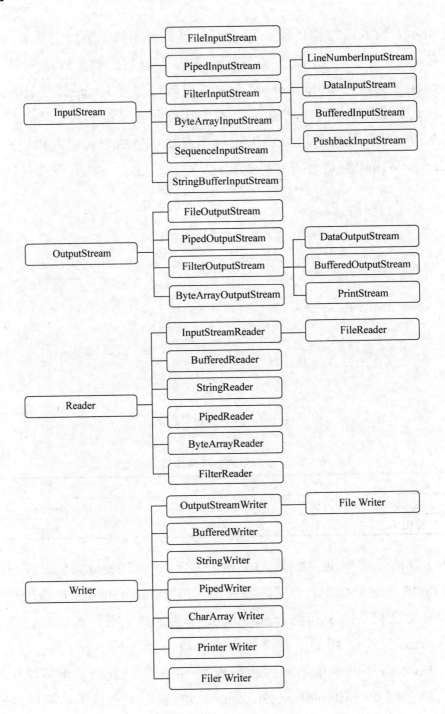

图 23.2　Java I/O 流类库框架

写尽可能多的数据。为此，除了程序与外部数据节点之间交换数据必需的读写机制外，还应增加缓冲机制。缓冲流就是为每一个数据流分配一个缓冲区，利用缓冲区可以减少对外设的访问次数，提高程序运行效率。这也正是装饰器类 BufferedInputStream 提供的功能。

▷▷▷ 装饰器模式

在 Java 中使用输入输出流的时候，我们经常会看到如示例代码 23.1 的定义方式。我们在定义 InputStream 对象时调用了两次 new，这和我们平时生成对象的方法看上去不太一样，这句语句到底是什么意思呢？首先，new FileInputStream("test.txt")指定该输入流从文件 test.txt 中获取数据。而 new BufferedInputStream(new FileInputStream("test.txt"))表示，该输入流不仅从文件中获取数据，且是一个缓冲输入流，可以减少对磁盘的访问率，提高程序运行效率。我们知道，new FileInputStream("test.txt")生成的对象是一个 InputStream 对象，而 new BufferedInputStream(new FileInputStream("test.txt")) 也是一个 InputStream 对象，这样的设计模式称为装饰器模式，该模式可以动态为对象添加一些额外的职责，而不是为整个类添加一个功能。

示例代码 23.1

```
package program.chapter23;

import java.io.BufferedInputStream;
import java.io.FileInputStream;
import java.io.FileNotFoundException;
import java.io.InputStream;

public class Code1 {
    public static void main(String[] args) throws FileNotFound-
    Exception{
        InputStream is = new BufferedInputStream(new FileInputStream
        ("test.txt"));
    }
}
```

我们以示例代码 23.2 为例说明装饰器模式的实现原理。在该例中，我们定义了一个接口 IBook，所有 Book 相关的类都实现了这个接口，该接口有一个方法 open()。第一个实现该接口的类是 CommonBook 类，这是一个普通的书本类，在本例的装饰器模式中，该类为被装饰类，该类的 open() 方法只是在控制台输出书本的内容。我们接下来定义第二个实现 IBook 接口的类 SuperBook，在本例的装饰器模式中，该类为装饰类，SuperBook 类可以用来包装 CommonBook 对象，为 CommonBook 对象添加功能。本例中有两个类分别继承自 SuperBook 类，分别是 PaperWrappedBook 类和 RedBook 类，PaperWrappedBook 类表示纸封面的书，RedBook 类表示红色封面的书。PaperWrappedBook 包装后的 CommonBook 对象在调用 open() 方法时会在书的内容前后输出纸封面，RedBook 包装后的 CommonBook 对象在调用 open() 方法时会在书的内容前后输出红色封面。我们在 main 函数中定义了一个 SuperBook 对象，该对象由 CommonBook 对象包装而来，先后经过了 PaperWrappedBook 和 RedBook 类的包装，尽管 CommonBook 对象的 open() 方法只会输出 "Book content" 语句，但在经过了 PaperWrappedBook 和 RedBook 类的包装后，SuperBook 对象的 open() 方法输出了装饰器定义的语句，输出结果如图 23.3 所示。

示例代码 23.2

```java
package program.chapter23;
interface IBook{
    void open();
}


class CommonBook implements IBook{
    public void open() {
        System.out.println("book content");
    }
}


class SuperBook implements IBook{
```

```java
    private IBook book;
    public SuperBook(IBook book){
        this.book = book;
    }
    public void open() {
        book.open();
    }
}


class PaperWrappedBook extends SuperBook{
    public PaperWrappedBook(IBook book) {
        super(book);
    }
    public void open(){
        System.out.println("Paper wrapped");
        super.open();
        System.out.println("Paper wrapped");
    }
}


class RedBook extends SuperBook{
    public RedBook(IBook book) {
        super(book);
    }
    public void open(){
        System.out.println("Red");
        super.open();
        System.out.println("Red");
    }
}


public class Code2 {
    public static void main(String[] args){
        SuperBook book = new RedBook(new PaperWrappedBook(new
        CommonBook()));
```

```
        book.open();

    }

}
```

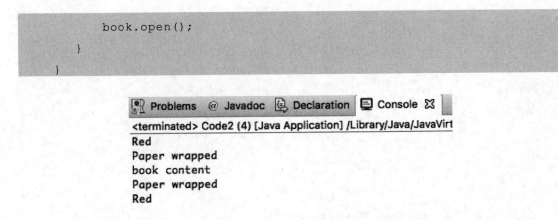

图 23.3　示例代码 23.2 的输出结果

　　示例代码 23.2 的 UML 类图如图 23.4 所示。SuperBook 类中有一个 IBook 接口对象，SuperBook 的对象在调用 open()方法时，会调用它所拥有的 IBook 接口对象的 open()方法。而 PaperWrappedBook 对象或者 RedBook 对象在调用 open()方法时，除了调用父类 SuperBook 的 open()方法，还会调用自己的特定操作，因此就动态增加了被包装的 CommonBook 对象的功能。

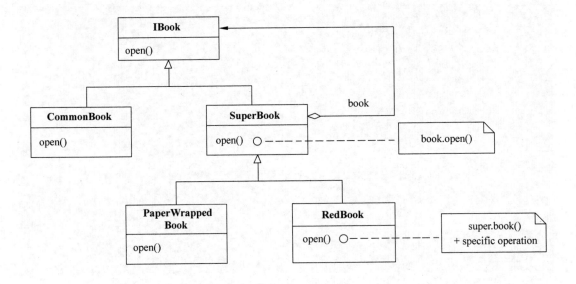

图 23.4　示例代码 23.2 的 UML 类图

以上便是装饰器模式的基本原理，因此当我们在看到示例代码 23.1 类似的定义时，便可以知道这是采用装饰器模式动态定义一个流对象，通过动态组装获得我们需要的功能。装饰器模式与继承有着同样的目的，都是为了扩展对象的功能，实现代码复用，但是装饰器模式具有更强的灵活性，我们可以通过使用不同的装饰器类排列组合设计出各种不同的行为模式。如果我们采用继承去实现相同的目的，就会面临类的数目爆炸的问题，不同的排列组合意味着为每一个这种组合都定义一个类，而装饰器模式则避免了这一问题。装饰器模式这个例子同样说明了组合优于继承，这也印证了本书第 17 节的内容。

24. 为什么需要多线程编程？

多线程，是指从软件或者硬件上实现多个线程并发执行的技术，在程序设计中，多线程编程是一个非常重要的领域。在刚接触多线程的时候，读者也许会思考，我们为什么要学习多线程编程的技术，多线程究竟有什么用？本节我们将首先学习多线程的概念，并介绍多线程编程拥有哪些单线程编程不具备的优点。

▶▶▶ 多线程

多线程是指一个应用程序可以同时执行多个任务，一般地，我们可以将一个任务定义为一个线程，当一个应用程序拥有超过一个线程时，就被称为多线程应用。

下面通过一个例子说明单线程与多线程的区别。假设一个应用程序运行在单处理器系统中，在该应用程序中我们有两个任务：任务 A 与任务 B，这两个任务都将耗时 10s 完成。

若采用单线程的设计方法，该应用程序的执行过程如图 24.1 左图所示。应用程序将任务 A 与任务 B 放在同一个线程中执行，CPU 在执行完任务 A 才能开始执行任务 B。若采用多线程的设计方法，该应用程序的执行过程如

图 24.1 右图所示，应用程序将任务 A 的执行放在一个线程中，将任务 B 的执行放在另一线程中，CPU 会为每个线程交替分配时间片，任务 A 和任务 B（两个线程）是轮流执行的。

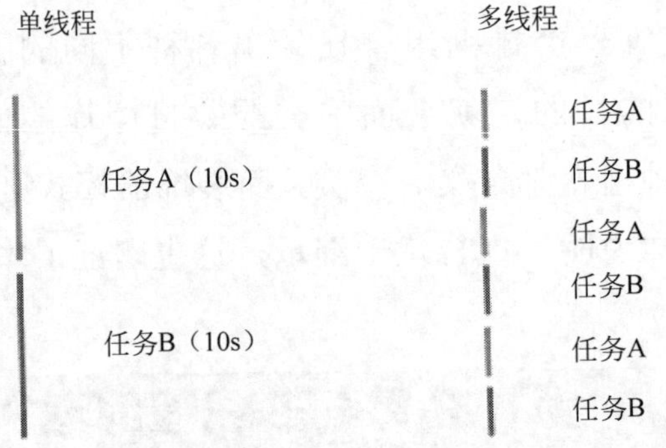

单线程   多线程

                                    任务A

任务A（10s）   任务B

                                    任务A

                                    任务B

任务B（10s）   任务A

                                    任务B

图 24.1　单线程与多线程任务执行示意图

通过上述的例子可以看出，在单处理器环境下，多线程所谓的"同时"执行多个任务，其实并不是真正的同时，只是当 CPU 划分的时间片足够短时，任务 A 和任务 B 之间的切换非常频繁，就仿佛在同时执行一样。如果不考虑切换任务所耗费的时间，且任务 A 和任务 B 都不会阻塞，上述示例，单线程运行模式与多线程运行模式下，应用程序执行完都需要耗时 20s。在单处理器环境下，应用程序并不会因为多线程具备"同时"执行的能力而缩短程序运行时间。

让我们仔细思考上述示例，实际上，在任务（即线程）之间进行切换是会耗费一定的时间的，这就是所谓的上下文切换的代价，因此，在单处理器上运行的并发程序应该比该程序的所有部分都顺序执行的开销大，将程序的所有部分当做单个的任务运行似乎可以使得开销更小，因为这样做节省了上下文切换的代价。那么多线程编程的意义究竟是什么呢？

▷▷▷ 阻塞

使得这个问题变得不同的是阻塞。如果程序中的某个任务因为该程序控制范围之外的某些条件（通常是 I/O）而导致不能继续执行，那么我们就称这个任务阻塞了。如果该程序是单线程设计的，当任务遭遇阻塞，此时整个程序将停止下来，由于单个线程中的代码是串行执行的，因此 CPU 此时除了等待并没有其他事情可以做，它将会处于闲置状态。但是，如果使用并发来编写程序，当一个任务（线程）被阻塞了，程序中其他任务（线程）还可以继续执行，因此 CPU 不会进入闲置状态，从而提高了 CPU 的利用率。

如果这么说还有点抽象，我们可以将上文应用程序的用例搬到生活中，任务 A 是要烧一壶水，任务 B 是和公司的 pm（产品经理）打一个电话讨论项目需求。若采用单线程的设计方法，我们将任务 A 和任务 B 的执行流程放置到一个单一的线程中，只有在烧完一壶水之后才能够去和 pm 打电话。然而在烧水的过程中，我可能需要干等 15 分钟等水烧开（阻塞），在这 15 分钟里，为了完成任务 A 我是不需要做任何事情的（CPU 闲置），当水烧开之后我才能将热水倒入热水瓶中，任务 A 此时才被完成。接下来，我才能去打电话。若采用多线程的设计方法，我们将任务 A 的执行流程放到一个线程中，将任务 B 的执行流程放到另一个线程中。我在将火点燃之后，不必浪费 15 分钟等水烧开，而可以转向去和 pm 打电话。即当任务 A（第一个线程）被阻塞之后，该任务（线程）就让出 CPU 的使用权，任务 B（另一个线程）可以在此时执行，因而提高了 CPU 利用率。

在程序设计中，常见的使得任务发生阻塞的是输入输出部分，例如我们的程序调用一个网络服务获取结果，这个过程 CPU 是空闲的，任务被阻塞的时间长短取决于这个网络服务返回结果的用时，多线程的设计可以避免因为阻塞而导致的 CPU 闲置。

▷▷▷ 可响应的用户界面

多线程编程的另一个优点是能够构建可响应的用户界面。考虑这样一个程序，程序界面上有一个按钮用以触发某项计算操作，假设该项计算操作将花费 10 分钟的时间。若采用单线程的设计方法，在按下该按钮后程序将触发计算任务，计算任务将占用接下来的 10 分钟，用户在这 10 分钟内如果在用户界面进行其他操作，都得不到响应，这是由于计算资源（CPU）都被分配给了计算任务，用户界面（UI）操作没有办法获取计算资源，从而表现为应用程序无法响应用户的操作。

若采用多线程的设计方法，可以将响应用户界面的操作任务封装进一个线程，即 UI 线程，其他费时的操作封装进其他的线程，这样通过 CPU 为线程轮流分配时间片的方式，每个线程都会"同时"执行，因而用户界面可以及时响应用户的输入。

▷▷▷ 多处理器环境

多线程编程的设计方法是将原本串行执行的程序拆分出多个可以并发执行的任务。若只考虑运算效率，在单处理器的环境中，如果不存在阻塞的问题，并发执行看上去并没什么特别大的意义。但是如果考虑多处理器的环境，我们就会发现，多线程的设计可以大大提高程序的运行效率，因为这时，多个线程真正实现了同时执行。

再一次考虑本节最开始的例子，不考虑线程切换时耗费的时间，在单处理器环境中，无论是单线程的设计方法还是多线程的设计方法，应用程序都需要 20s 执行完毕。而在多处理器的环境中，若采用单线程的设计方法，应用程序依然需要 20s 执行完毕，唯一的线程只能利用一个处理器，其他处理器并没有被利用。但是若采用多线程的设计方法，应用程序最快只需要 10s 执行完毕，因为任务 A 所在的线程可以由一个 CPU 执行，而任务 B 所在的线程可以由另一个 CPU 执行，此时任务 A 和任务 B 是真正意义上同时执行的。如果我们有更多的 CPU，可以考虑将我们的任务拆分为更多可以并发执行的子任务，这样便可以更进一步提高程序的运行效率了，当然，并不是任何任务都是可以拆分的，拆分的条件是子任务没有先后执行的依赖关系，必须是并发的。

让我们回顾这个例子，多线程设计的程序在多处理器环境下由于可以利用多个计算资源，多个线程可以实现真正的同时运行，这被称作**并行**。而多线程设计的程序在单处理器环境下由于只有一个计算资源，不同线程只能通过占用时间片的方式轮流执行，尽管由于频繁切换，看上去似乎"同时"在运行，但实际上无法实现真正的同时运行，这被称作并发。

并发与并行的概念图如图 24.2 所示，图中，圆形表示 CPU，左图中只有一个 CPU，采用多线程的设计方法同时运行 A、B、C 三个线程，由于一个 CPU 在某时刻只能执行一个线程，因此这三个线程轮流执行，这是并发。右图中有三个 CPU，采用多线程的设计方法同时运行 A、B、C 三个线程，这是真正意义上的同时执行，被称作并行。

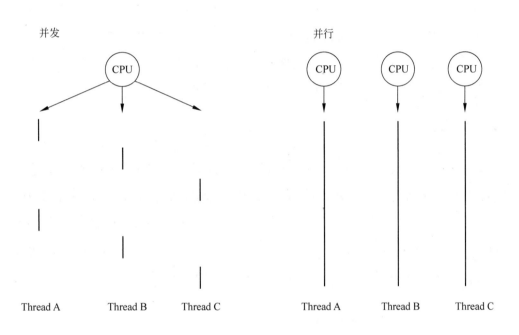

图 24.2 并发与并行的概念图

▷▷▷ 为什么需要多线程编程？

现在，我们可以回答本节最开始的问题了，为什么需要使用多线程编程？本文的三个部分讨论了多线程编程具备的优点，分别是：

（1）当任务发生阻塞时，多线程编程可以提高程序的运行效率。

（2）多线程编程可以构建可响应的用户界面。

（3）在多处理器环境下，多线程编程可以实现并行，提高程序的运行效率。

25. 修改同时发生该听谁的？锁

有了多线程的设计方法后，程序的运行效率大大提升了。但想要使用好多线程这个工具，我们还得多花些功夫。由于多线程可以让我们同时运行多个任务了，如果这多个任务共同操作一个对象（共享资源），就可能发生冲突，冲突的结果将是不可预计的值。这就需要我们在多线程编程中规范对共享资源的访问，实现线程的同步，而帮助我们达到这一目的的正是锁。

▶▶▶ 访问冲突

让我们从一个银行存款的例子开始本节的学习。小明有一个银行账户，起初该账户的余额为 1000 元，在某个时刻，小明通过该账户消费了 200 元，几乎就在同一时刻，小明的母亲向该银行账户中付了 1000 元钱。假设小明消费的过程与小明母亲储值的过程是两个线程且可以并发执行，若不使用锁，如图 25.1 所示，小明银行账户的最终余额可能变为 2000 元。

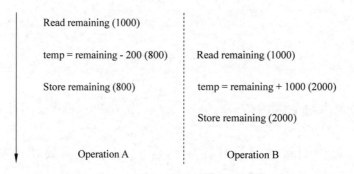

图 25.1　不上锁时账户余额可能的变化过程 1

通过图 25.1 可以看到，修改银行账户余额的过程分为三步，分别是读取账户余额，计算出变化后的值，用该值覆写账户余额。图中，操作 A 对应小明消费的过程，首先读取账户余额为 1000 元，之后计算出变化后的值为 800 元，最后将账户余额的值覆写为 800 元。操作 B 对应小明母亲储值的过程，首先读取账户余额为 1000 元（此时操作 A 的过程尚未执行到最后一步，因此账户余额仍然为 1000），之后计算出变化后的值为 2000 元，最后将账户余额的值覆写为 2000 元。因此在操作 A 和操作 B 完成之后，小明账户余额变为了 2000，该值显然是错误的，正确的余额应该是 1800 元。为什么小明消费的 200 元最后没有反映到账户余额中去呢？图 25.1 已经反映了产生这个错误的原因，由于修改账户余额的过程不是原子操作，而是分为三步执行，操作 B 在操作 A 没有执行完毕的时候就开始执行，会导致操作 B 读取到的数据是脏值，因为尽管此时账户余额仍然是 1000，但是很快会因为小明消费了 200 元而变为 800 元，但是操作 B 不会读取到 800 元这个值，而是直接获取了即将失效的值 1000 元，尽管操作 A 之后将余额更新为 800 元，但是很快操作 B 会将余额更新为 2000 元。

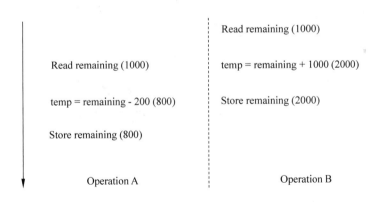

图 25.2　不上锁时账户余额可能的变化过程 2

并发执行尽管可以提高程序的运行效率，但是在一些共享资源的访问上如果不加约束，就会产生访问冲突的问题，导致运算结果产生不可预计的值，在该例子中，银行账户余额就是公共资源，而线程 A 对应小明的消费过程，线程 B 对应小明母亲的储值过程。之所以说访问冲突可能产生不可预计的值，是因为线程的并发的过程可能是任意的，让我们再来看一下图 25.2，若小明母亲储值的线程先于小明消费的线程开始执行，这一次最终的账户余额则变为了 800 元。

▶▶▶ 锁

无论是图 25.1 还是图 25.2 的过程都不是我们想要的结果，之所以会产生这样的错误，是因为操作 A 与操作 B 在访问共享资源时产生了访问冲突。正确的实现方式应该是，当操作 A 在访问这个共享资源的时候，操作 B 便不能再访问该资源了，只有在操作 A 访问完毕之后，操作 B 才能进行访问。那么有什么办法能够实现多个线程对共享资源的合法访问呢？即如何实现线程之间的同步呢？

答案是线程在访问共享资源之前必须先获得该共享资源的锁，当操作 A 获得共享资源的锁之后，操作 B 便无法获得该锁了，只有在操作 A 完成之后主动释放该锁，操作 B 才能开始自己的操作，这样操作 A 就不会被操作 B 中断了。尽管线程是并发执行的，但是锁使得线程对共享资源的访问串行化，上锁之后的账户余额变化过程如图 25.3 所示。

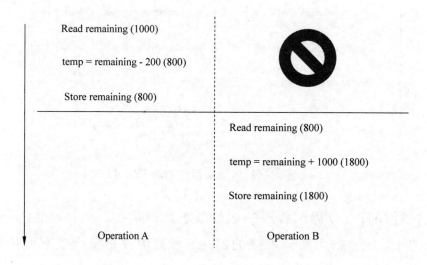

图 25.3　上锁后账户余额可能的变化过程 1

上锁之后，操作 A 在执行的时候，操作 B 由于无法获得账户余额的锁而处于等待状态，只有在操作 A 执行完毕之后，操作 B 才开始执行。因此银行余额首先从 1000 元变为 800 元，之后从 800 元变为 1800 元。

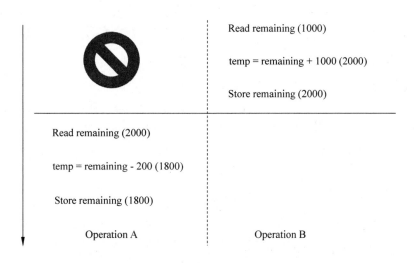

图 25.4　上锁后账户余额可能的变化过程 2

图 25.3 的过程对应操作 A 首先抢占到资源的锁，而图 25.4 的过程则对应操作 B 首先抢占到资源的锁，尽管操作 A 与操作 B 的执行顺序发生了变化，但账户余额最终的值仍为 1800 元。由于上锁之后，账户余额的变化过程被串行化，因此线程执行的先后顺序不会影响到最终结果。

▷▷▷ Java 中多线程对共享资源的同步访问

让我们通过 Java 代码看一下多线程编程在访问共享资源时引发的访问冲突的问题。示例代码 25.1 展示了一个这样的例子。我们定义了一个 Manipulator 类，该类有一个 int 类型的数据成员 value，有两个成员函数，decrease() 方法对应 value 的自减操作，increase() 方法对应 value 的自增操作。我们在 main 函数中定义了两个线程，t1 线程对 manipultor 实行 10000 次 decrease 操作，t2 线程对 manipulator 对象实行 10000 次 increase 操作，我们通过调用 t1、t2 的 start 方法使得这两个线程开始执行，通过调用 t1、t2 的 join

方法使得 main 函数等待这两个线程执行完毕之后再执行之后的输出语句。

由于我们对 manipulator 对象执行的 decrease 操作和 increase 操作次数一样，manipulator 的 value 数据成员在线程运行完毕之后应该没有变化。但是由于两个线程在访问共享资源（manipulator 对象）时没有使用锁实现线程同步，因此便会产生不可预计的 value 值。读者可以尝试多次运行示例代码 25.1，每一次输出的运行结果都可能产生不同的值。

示例代码 25.1

```java
package program.chapter25;
class Manipulator{
    public int value;
    public Manipulator(int value){
        this.value = value;
    }
    public void decrease(){
        value--;
    }
    public void increase(){
        value++;
    }
}


public class Code1 {
    private static final int COUNT = 10000;
    public static void main(String[] args) throws Interrupted-
    Exception{
        Manipulator manipulator = new Manipulator(0);
        Thread t1 = new Thread(){
            public void run(){
                for(int i = 0; i < COUNT; i++){
                    manipulator.decrease();
                }
            }
```

```
        };
        Thread t2 = new Thread(){
            public void run(){
                for(int i = 0; i < COUNT; i++){
                    manipulator.increase();
                }
            }
        };
        t1.start();
        t2.start();
        t1.join();
        t2.join();
        System.out.println(manipulator.value);
    }
}
```

想要使得示例代码 25.1 的运行结果始终呈现为 0（因为 manipulator 的 value 初始值为 0，相同次数的自增与自减操作后值应该不变），我们需要使线程在访问共享资源 manipulator 对象的 value 之前获得该共享资源的锁，而在访问完毕之后才释放锁。我们只需要依照示例代码 25.2，为 Manipulator 类的 decrease()方法和 increase()方法添加 synchronized 关键字就可以实现。

在方法声明中添加 synchronized 关键字，表示为这个方法加锁。当两个并发线程（t1 与 t2）访问同一个对象的 synchronized 方法时，在同一时刻只能有一个线程得到执行，另一个线程受阻塞，必须等待当前线程执行完这个代码块以后才能执行该代码块。因为在执行 synchronized 方法前需要获得当前对象的对象锁，只有执行完该方法后才能释放该对象锁，下一个线程才能有机会获得该对象锁并开始执行。synchronized 关键字包括两种用法：synchronized 方法和 synchronized 块，这两种方法均表示执行之前需要获得对象锁，执行之后释放对象锁。

读者可以尝试将示例代码 25.1 中的 Manipulator 类的定义替换为示例代码 25.2 所示并进行编译运行，这时无论运行多少次，结果都会是 0 了。

示例代码 25.2

```
class Manipulator{
    public int value;
    public Manipulator(int value){
        this.value = value;
    }
    public synchronized void decrease(){
        value--;
    }
    public synchronized void increase(){
        value++;
    }
}
```

共享资源在多线程访问中容易引发冲突，读写操作往往不能并发执行，锁的作用就是将多线程对共享资源的并发访问串行化，从而避免了共享资源数据不一致的问题。

26. 编译、链接、运行，程序是怎样跑起来的？

通过学习本书的第 1 节和第 2 节，读者已经学会在 IDE 中编写"Hello World"了，经过 build 与 run，编写的程序就能运行起来了。从源代码到最后程序执行输出，程序究竟是如何跑起来的，这其中经历了一个怎样的过程？如果读者还不能很好地回答这个问题，本节的内容将会帮助你构建起这一过程的轮廓。

▷▷▷ 从源代码到程序运行

示例代码 26.1

```
#include <iostream>
```

```
#define HELLO_WORLD "Hello world!"
using namespace std;
int main()
{
    cout<<HELLO_WORLD<<endl;
    return 0;
}
```

我们仍然以第 1 节的 Hello World 代码为示例，当我们在 IDE 中编写完示例代码 26.1，经过 build 之后，程序就可以运行了，从源代码到最终的程序运行，这其中经历了一个怎样的过程呢？答案如图 26.1 所示，这一过程可以分为 5 个步骤：预处理、编译、汇编、链接、运行。本节将以 C 语言为例，讲述这 5 个步骤。

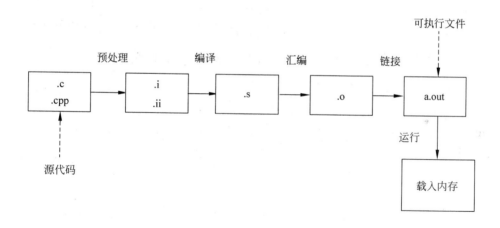

图 26.1　从源代码到程序运行的过程示意图

▶▶▶ 预处理

我们编写的 C 和 Java 属于高级语言，而要使编写的程序能够运行，我们的代码必须被编译器转换为计算机可以识别的机器指令，这其中最重要的一步是编译，而在编译之前，我们需要对源代码进行一些预处理。

预处理步骤主要处理程序中的宏定义，即#开头的预编译指令，如示例代码 26.1 中的#include、#define 等。其处理过程主要包括：

（1）将#define 删除，替换为相对应的宏定义。处理所有的条件预编译指令，如#if、#ifdef、#else 等。将所有的#include 删除，并将需要被 include 的文件内容插入到#include 的位置，这样需要被包含的文件就引入了过来，值得注意的是，被包含的文件也可以包含其他文件，因此该过程是递归的。删除注释等。

（2）.c 文件经过预处理后变为.i 文件，而.cpp 文件经过预处理后变为.ii 文件。经过预处理的文件不包含任何#开头的预编译指令，且所有被包含的文件都被引用过来。预处理是一个相对简单的过程。

▷▷▷ 编译

编译是将源代码转换为可执行文件的核心过程，该过程较为复杂，可以被细分为多个步骤：词法分析、语法分析、语义分析、中间语言生成、目标代码生成与优化。编译生成的目标代码有以下三种形式：

（1）可以立即执行的机器语言代码。

（2）待装配的机器语言模块。

（3）汇编语言代码。需要经过汇编才能转换为可执行的机器语言代码。

我们讨论目标代码为汇编语言代码的情况。当然另外两种目标代码的生成过程是类似的。

词法分析对由字符组成的单词进行处理，从左至右逐个字符地对源程序进行扫描，产生一个个的单词符号，把作为字符串的源程序改造成为单词符号串的中间程序。执行词法分析的程序称为词法分析程序或扫描器。

语法分析以单词符号作为输入生成语法树，分析单词符号串是否形成符合语法规则的语法单位，如表达式、赋值、循环等，最后看是否构成一个符合要求的程序。由语法分析生成的语法树是以表达式为节点的树。

接下来是进行语义分析。在前一步的语法分析中，我们只完成了表达式语法层面的分析，但并不了解语句的真实意义。语义分析包括静态语义分析与动态语义分析，静态语义分析负责如类型匹配的工作。而动态语义主要指运行期出现的语义相关问题。语义分析得到的语法树表达式被标识了类型。

中间语言又称为中间代码。中间代码的作用是使编译程序的结构在逻辑上更为简单明确，中间语言的复杂性介于源程序语言和机器语言之间。中间语言有多种形式，常见的有逆波兰记号、四元式、三元式和树。

编译的最后一步就是目标代码的生成与优化。这一步十分依赖于目标机器，因为不同的机器有不同的字长、寄存器、数据类型等。我们的讨论针对目标代码的第三种形式，经过这一步之后，源代码就被转换为了汇编语言代码，汇编语言代码已经非常接近机器指令。

以上便是编译的 5 个主要步骤，在经过这 5 个步骤之后，高级语言的代码被转换为更接近机器语言的汇编语言代码，程序距离被运行更近了一步。

▷▷▷ 汇编

汇编是一个相对简单的过程，该过程负责将汇编语言代码转换为机器指令，由于每一个汇编语句几乎都对应一条机器指令，因此汇编相比编译简单很多。经过汇编之后，我们可以针对每个源文件得到对应的 .o 文件。

▷▷▷ 链接

经过汇编之后，每一个源文件都将得到对应的 .o 文件，链接的作用就是将各个源文件编译生成的目标文件整合拼装起来，形成最终可以直接运行的可执行文件。

在刚开始出现程序的时候，人们将所有代码都写到一个文件中，但随着我们编写的代码越来越长，为了便于维护，我们将代码拆分到多个文件中，这是程序设计中模块化思想的体现，于是就需要链接来将各个目标文件整合成最终的可执行文件。

链接分为静态链接和动态链接，以上所述的生成可执行文件的过程为静态链接。静态链接的主要工作是将函数和变量重定向。可以通过一个例子理解重定向的过程，我们在文件 A 中定义了 main 函数，在 main 函数中调用了文件 B 中定义的 test 方法，由于每一个文件是独立编译的，在编译时，main

函数还不知道 test 方法的准确地址，于是会将调用 test 方法的指令的目标地址先搁置，而当进入链接过程时，链接器会将调用 test 方法的指令的目标地址修改为正确的 test 方法的地址，该过程就是重定向。

动态链接指的是，不再对目标文件进行链接，而是要在程序运行时才进行链接，整个链接的过程被延迟到运行时。动态链接的优点包括节省内存空间，便于维护更新等。感兴趣的读者可以自己深入学习动态链接的过程。

▷▷▷ 运行

我们编写的程序是存储在磁盘上的文件，可以是源文件、编译之后生成的目标文件或可执行文件。而程序的运行则是将可执行文件装载到内存中并由 CPU 顺序执行该程序机器指令的动态过程。

可执行文件中依据段的权限不同主要分为以下几大类：

（1）可读、可执行的段，如代码段。

（2）可读、可写的段，如数据段，BSS 段（指用来存放程序中未初始化的全局变量和静态变量的一块区域）。

（3）只读的段，如只读数据段。

当程序运行时，可执行文件中的这些不同类型的段会分别被装载到进程的虚拟存储空间中，每个段会被映射到进程虚存空间中的一个相应的 VMA（Virtual Memory Area）中，典型的 VMA 包括：

（1）栈空间（Stack VMA），可读写，不可执行，没有对应的映像文件。

（2）堆空间（Heap VMA），可读写，可执行，没有对应的映像文件。

（3）数据空间（Data VMA），可读写，可执行，有对应的映像文件。

（4）代码空间（Code VMA），只读，可执行，有对应的映像文件。

程序的运行是一个动态的过程，被称为进程的创建和运行。一个进程的运行分为三个步骤，第一是创建该进程的虚拟存储空间，第二是读取可执行文件，将该文件的对应段映射到虚拟存储空间中，第三就是将 CPU 的指令寄存器设置为可执行文件的入口地址，下面 CPU 就会开始顺序执行该程序的机器指令了。

27. 为什么我写的都是黑框程序？图形界面是怎样写出来的？

学习到这一节，读者应该已经具备一定的编程基础了，但可能一直有一个疑惑，到目前为止我们编写的示例程序都是控制台程序，每次程序运行的结果都只是通过控制台输出一些数字或者字符串，C++的程序编译运行之后都会弹出一个黑框，提示用户输入或者输出一些结果。可是我们平时使用的软件都是有图形界面的啊，软件通常都有菜单栏、工具栏，图形界面究竟是如何写出来的呢？

▷▷▷ 用户交互

程序有很多类型，但是它们都有一个共同的特点就是需要和用户进行交流，一个程序通常会接受用户的输入，然后对外产生一些输出。我们先从操作系统说起，可以将操作系统类比为一个巨大的程序，操作系统中，用于与用户交互的部分被称为 Shell，Shell 的翻译是壳，之所以称为 Shell，是为了区分操作系统的内核，即 kernel。Shell 是操作系统与外部的接口，位于操作系统的外层，为用户提供与操作系统沟通的途径。

Shell 分为两大类：

（1）图形界面 Shell，如 Windows Explorer，GNOME，KDE。

（2）命令行 Shell，如 BASH，CMD，Windows PowerShell。

读者可能是从图形界面开始认识计算机的，最常见的操作系统是 Windows，无论是 Windows XP，Windows 7，Windows 8 还是 Windows 10，我们都习惯了通过图形界面的方式与计算机进行交互，例如想打开一个文件，我们会通过选择对应的文件夹层层进入，最后双击运行某个程序。在 Windows

系统中支持采用这样的方式与计算机进行交互的工具是 Windows Explorer，它属于第一类 Shell，即图形界面 Shell。

但是更早的时候，用户与计算机进行交互更多采用的是命令行 Shell。在命令行 Shell 中，用户输入一个命令，Shell 会向操作系统解释该输入，并处理操作系统的输出结果。传统意义上的 Shell 指的是命令行式的 Shell。在这样的交互环境之下，用户看不到鼠标、程序的图标、文件夹的方框、菜单栏、工具栏等，只能输入字符串，并且看到字符串形式的输出。常见的命令行 Shell 有 UNIX 下的 BASH，Windows 下的 CMD 和 Windows PowerShell 等。下面我们来认识几种常见的 Shell。

BASH (GNU Bourne-Again Shell) 是许多 Linux 发行版的默认 Shell。BASH 是大多数 Linux 系统以及 MAC OS X 默认的 Shell，它能运行于大多数类 UNIX 风格的操作系统之上，甚至被移植到了 Microsoft Windows 上的 Cygwin 系统中，以实现 Windows 的 POSIX 虚拟接口。图 27.1 展示了 BASH 的示意图。

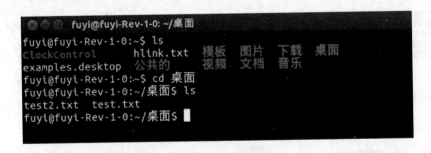

图 27.1　Linux BASH

CMD（Command Shell）是 Windows 环境下的命令行程序，类似于微软的 DOS 操作系统。用户输入一些命令，cmd.exe 可以执行。CMD 是一个独立的应用程序，它为用户提供对操作系统直接通信的功能，为基于字符的应用程序和工具提供了非图形界面的运行环境，它执行命令并在屏幕上回显 MS DOS 风格的字符。图 27.2 展示了 CMD 命令提示符。

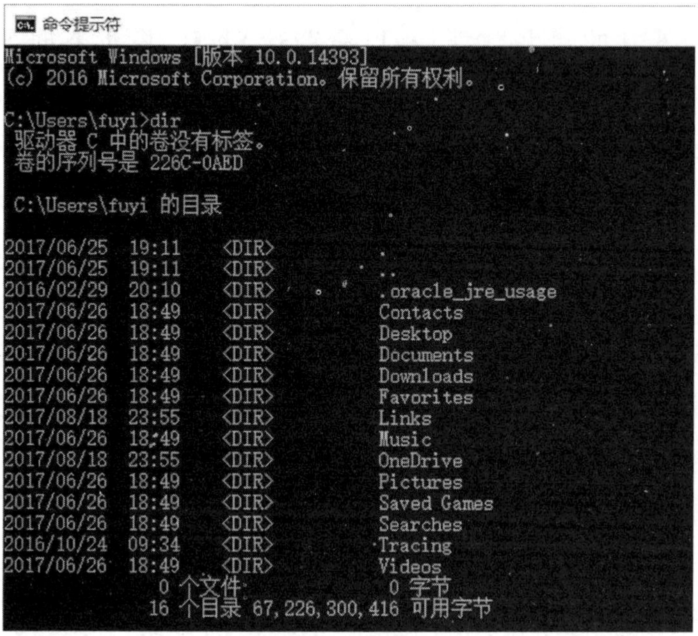

图 27.2　Windows CMD 命令提示符

Windows PowerShell（如图 27.3）也是一种命令行外壳程序和脚本环境，使命令行用户和脚本编写者可以利用.NET Framework 的强大功能。它引入了许多非常有用的新概念，从而进一步扩展了在 Windows 命令提示符中的功能。

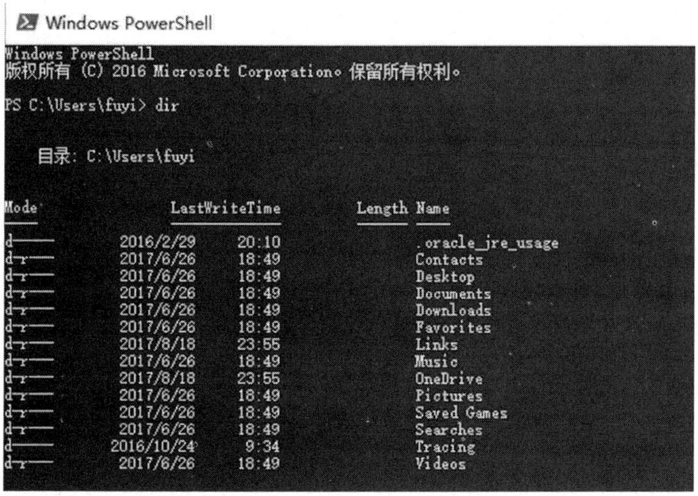

图 27.3　Windows PowerShell

以上便是 Shell 的两大类型。相比命令行 Shell，图形界面 Shell 的实现是相当复杂的。用户能够在图形界面实现各种各样的操作需要底层强大的支持，才能实现窗口覆盖这一类与现实极为类似的效果。图形界面的编程异常复杂，且图形界面对硬件的要求也较高。虽然现代的计算机早已能够满足这些要求，但早期的计算机并不是这样强大的，那时候程序的界面并不是图形的，而是字符的。用户通过键盘输入命令，操作系统将结果以字符串的形式输出到屏幕上。相比图形界面，命令行界面的实现简单得多。而随着计算机的普及，为了让更多人能够便捷地使用计算机，才慢慢发展出用户体验更友好的图形界面。

其实无论是命令行的 Shell 还是图形界面的 Shell，它们的作用都是连接用户和操作系统，将用户的意图传达给操作系统，并将操作系统的输出传达给用户。而操作系统接受用户输入和产生输出的方式可以是多种多样的，重要的是操作系统能够理解用户的意图。

程序也是一样的，我们编写的程序需要和用户进行交互，用户可以通过图形界面提供输入（如将文本输入进文本框），同样也可以通过命令行提供输入（如将本文输入进命令行），两种方式都能达到目的。对于刚接触编程的程序员来说，我们应首先将精力投入到编程基础知识的学习中，图形界面的学习可以放到后面。当我们把黑框程序写"好"了，再去考虑编写图形界面的程序。

但是读者也许仍然非常好奇图形界面的程序是如何编写出来的，本节接下来的部分就会简单介绍一下图形用户界面的知识。

▷▷▷ 图形用户界面

普通的程序员想要编写一个应用程序的用户界面，是不会从 0 开始写起的，因为从头开始实现一个单一的控件都会耗费我们难以想象的时间。那我们看到的带用户界面的应用程序是如何编写出来的呢？其实这些应用程序都是基于图形库（或者说是应用程序框架）开发出来的，大部分的平台都会提供一组 API 来支持图形用户界面，例如想要显示一个窗口，窗口中有一个按钮，我们不必亲自去实现一个窗口和按钮，而只需要通过现有的 API 调用生成一个窗口，并生成一个按钮，之后指定这个按钮在窗口中的位置。例如在 Java 中，语句 Frame frm = new Frame("New Window");就可以生成一个窗口，Button button = new Button("New Button");就可以生成一个按钮。

不同的语言，不同的平台对应有自己的应用程序框架。例如，在 Windows 下有 Windows.Forms、WPF、MFC 等，而 Java 中则提供了 AWT，Swing 等 GUI（Graphical User Interface）库。

Windows.Forms 是微软的.NET 开发框架图形用户界面的一部分，该组件通过将现有的 Windows API（Win32 API）封装为托管代码提供了对 Windows 本地（native）组件的访问方式，兼容 Linux 和其他 Mono 平台。

WPF（Windows Presentation Foundation）是微软推出的基于 Vista 的用户界面框架，属于.NET Framework 3.0 的一部分。它提供了统一的编程模型、语言和框架，真正做到了分离界面设计人员与开发人员的工作；同时它提供了全新的多媒体交互用户图形界面。

Qt 是一个 1991 年由 Qt Company 开发的跨平台 C++图形用户界面应用程序开发框架。它既可以开发 GUI 程序，也可用于开发非 GUI 程序，例如控制台工具和服务器。Qt 是面向对象的框架，使用特殊的代码生成扩展以及一些宏，Qt 很容易扩展，并且允许真正的组件编程。

AWT(Abstract Window Toolkit)即抽象窗口工具包，该包提供了一套与本地图形界面进行交互的接口，是 Java 提供的用来建立和设置 Java 的图形用户界面的基本工具。AWT 中的图形函数与操作系统所提供的图形函数之间有着一一对应的关系，当利用 AWT 编写图形用户界面时，实际上是在利用本地操作系统所提供的图形库。

Swing 是一个用于开发 Java 应用程序用户界面的开发工具包，以抽象窗口工具包为基础使跨平台应用程序可以使用任何可插拔的外观风格。Swing 开发人员只用很少的代码就可以利用 Swing 丰富、灵活的功能和模块化组件来创建优雅的用户界面。工具包中所有的包都是以 swing 作为名称，例如 javax.swing,javax.swing.event。

感兴趣的读者可以根据自己熟悉的语言和平台任意选择一种应用程序框架进行图形用户界面的开发。

28. 什么是回调函数?

读者是不是经常听到有人说起回调函数,它和普通的函数有什么区别呢?在本节,我们将通过示例代码说明到底什么是回调函数,以及"回调"一词究竟是如何体现的。有了回调函数,我们编写的程序就可以放心地去做自己的事情了,而不需要一遍遍地轮询对方,委托给他的事情完成了没有,因为对方可以通过调用我们的回调函数来通知我们。

▷▷▷ 一个类比

为了理解回调函数,让我们先来看一个类比,通过这个类比,我们可以直观地理解"回调"二字的含义。有一天,小明同学去书店买书,但是他想要的书刚好缺货,于是小明想着只能过几天再来看了,这时书店老板告诉小明,可以留下电话,之后有货的时候,老板会打电话给小明通知他来买。

如果老板没有让小明留下电话,那么之后小明只能每隔一段时间来看看书到了没有,如果书一直不到货,小明会花费很多时间和精力到书店但都空手而归,这种方式对应计算机中的"轮询",A(小明)每隔一段时间询问 B(书店老板)是否发生了某一事件(书到了没有)。现在,小明通过留下电话的方式避免了"轮询",整个过程对应计算机中的"回调",小明的电话就是"回调函数",小明将电话留给老板对应"注册回调函数",当书到货之后,老板打电话通知小明就是"调用回调函数"。A(小明)不再需要轮询 B(书店老板),当事情发生后(书到了后),B 主动调用 A 留下的回调函数(打电话)。

▷▷▷ 回调函数的定义

让我们先看一下回调函数的定义,尽管有些枯燥(之后我们会通过例子来解释）：回调函数就是一个通过函数指针调用的函数。如果把函数的指针（即函数的地址）作为参数传递给另一个函数，当这个指针被用来调用其所指向的函数时，我们就说这是回调函数。回调函数不是由该函数的实现方直接调用，而是在特定的事件或条件发生时由另外的一方调用的，用于对该事件或条件进行响应。

我们平时编写的大多数函数都是被我们直接调用的，例如当我们编写了一个函数 A，可能会在 main 函数中调用该函数。但回调函数不是我们自己调用的，我们编写的回调函数将被系统调用。

在什么样的场景下我们会用到回调函数呢？当我们想要系统帮助我们完成一些事情的时候，我们可以调用系统提供的 API，但是系统想要顺利完成这些事情不仅需要我们传入普通的参数，有时候系统还需要我们传入函数（C语言中即函数指针，Java 中为接口回调），当系统在帮助我们完成一些事情的时候就会调用这个由我们传入的函数，这个函数就被称为回调函数。回调函数的调用关系如图 28.1 所示，我们编写的应用程序需要调用系统的库函数，而库函数为了完成任务会调用我们在应用程序中编写的回调函数，从图中可以看出，回调函数不是应用程序自己调用的，而是由库函数调用的。我们的主程序和回调函数在同一个应用层级上，即都属于应用程序的部分。

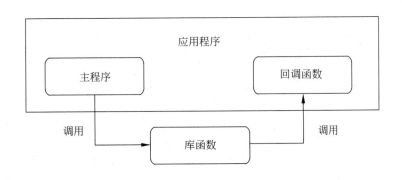

图 28.1　回调函数调用关系

例如，我们有时希望直接调用系统的 API 帮助我们完成对象排序，但是为了完成排序，系统需要我们给出比较该类型对象大小关系的函数，这样系统在排序时，直接调用这个回调函数就能完成它排序的任务了。如果在编写 Java 代码时调用过 Collections 的 sort()函数，并且传递过 Comparator 接口的对象，那么对于这一场景应该不会感到陌生。示例代码 28.1 展示了我们在调用 JDK 提供的排序算法时传入的接口回调。

示例代码 28.1

```java
package program.chapter28;
import java.util.ArrayList;
import java.util.Collections;
import java.util.Comparator;
import java.util.List;

class Student{
    public Student(int age, int height, int weight){
        this.age = age;
        this.height = height;
        this.weight = weight;
    }
    public int age;
    public int height;
    public int weight;
}
public class Code1 {
    public static void main(String[] args){
        List<Student> students = new ArrayList<Student>();
        students.add(new Student(16, 164, 56));
        students.add(new Student(18, 170, 60));
        students.add(new Student(17, 172, 64));
        Collections.sort(students, new Comparator<Student>(){
            @Override
            public int compare(Student o1, Student o2) {
                return o1.age - o2.age;
            }
        });
```

```
        for(Student student : students){
            System.out.println(student.age);
        }
    }
}
```

由于 Java 面向对象的特征，回调函数这个特性被提升到了接口回调。在示例代码 28.1 中，我们编写了一个 Student 类，这个类有 age、height、weight 三个属性，现在我们想要对一个 List 中的 Student 对象进行排序，为了完成排序，我们可以直接调用 Collections 的 sort()方法，但是系统为了完成排序必须由我们来告知比较 Student 大小的方式，例如，我们可以按照年龄排序，可以按照身高排序，同样也可以按照体重排序，排序的时候可以按照升序排列，也可以按照降序排列。而这正是我们需要告诉系统的，只有将这一信息告诉了系统，系统才能帮我们完成排序。而在 Java 中告知这一信息的方法是传入一个对应的接口对象，Java 中实现对象比较的接口是 Comparator 接口，该接口需要实现的方法是 compare()方法，正是在这个方法里，我们定义了比较 Student 对象大小的方式，通过比较年龄来进行排序。在调用 Collections.sort()方法时，第二个参数我们采用匿名内部类的方法生成了一个 Comparator 接口的对象，我们可以将该接口的 compare()方法直观地理解为本文所讲述的回调函数，系统在排序时会调用我们传递的这个函数。最后在 main 函数中，打印 List 中 Student 对象的年龄，可以看到该列表中的 Student 对象依据年龄升序排列。读者不妨思考一下，如果想要按照年龄降序排列，应该如何修改上述示例代码呢？

上面是一个排序的例子，而我们在编写图形界面时也会遇到回调函数的概念。在编写图形界面时，我们经常需要关注的一个概念是事件，例如当用户单击了一个按钮，我们需要进行响应。而监听用户单击按钮这一事件通常由系统帮助我们完成，我们只需要传递给系统一个函数，当用户单击按钮之后，系统就可以调用我们传递的这个函数（即回调函数），从而执行我们想要实现的业务逻辑。

看完了这两个例子，读者应该对回调函数有了一个基本的认识。当 A 调用 B 的某个函数时，B 由于信息不足，需要由 A 来传入一个函数，B 在执行它的方法时又会反过来调用 A 的这个函数。"回调"二字的含义就体现在，本来是 A 调用 B，现在 B 又需要调用 A 的一个函数来完成自己的任务，该函数因而被称为回调函数。这种特殊的关系正如图 28.1 所示。

▷▷▷ 回调函数的机制

回调函数的机制分为三个步骤：

（1）定义一个回调函数。

（2）将回调函数的函数指针注册给调用者（例如之前所说的库函数）。

（3）当特定的事件或条件发生的时候，调用者使用函数指针调用回调函数对事件进行处理。

由于 Java 中没有函数指针，因此通过接口实现回调函数的传递。

让我们以示例代码 28.2 为例来认识一下使用回调函数的全部过程。

示例代码 28.2

```java
package program.chapter28;
import java.util.ArrayList;
import java.util.List;
interface IAttributeGetter{
    public int getAttribute(Student student);
}

public class Code2 {
    public static float calculateAvg(List<Student> students,
    IAttributeGetter getter){
        float sum = 0;
        for(Student student : students){
            sum += getter.getAttribute(student);
        }
        return sum / students.size();
```

```java
    }

    public static void main(String[] args){
        List<Student> students = new ArrayList<Student>();
        students.add(new Student(16, 164, 56));
        students.add(new Student(18, 170, 60));
        students.add(new Student(17, 172, 64));
        float avgAge = calculateAvg(students, new IAttributeGetter(){
            public int getAttribute(Student student){
                return student.age;
            }
        });
        float avgHeight = calculateAvg(students, new IAttribute-
        Getter(){
            public int getAttribute(Student student){
                return student.height;
            }
        });
        float avgWeight = calculateAvg(students, new IAttribute-
        Getter(){
            public int getAttribute(Student student){
                return student.weight;
            }
        });
        System.out.println("Average age: " + avgAge);
        System.out.println("Average height: " + avgHeight);
        System.out.println("Average weight: " + avgWeight);
    }
}
```

示例代码 28.2 中仍然沿用示例代码 28.1 中 Student 类的定义，在示例代码 28.2 中，我们想要计算一个学生列表的平均值，于是我们定义了 calculateAvg()函数，由于学生有三个属性，我们必须告诉 calculateAvg()函数我们想要计算均值的属性，因此就需要用到回调的"思想"。对应回调函数机制的三个步骤，第一步，我们首先定义回调函数，在这里我们定义了一个回调接口 IAttributeGetter，这个接口中定义了回调函数 getAttribute()。第二步，我们在 main 函数中将回调函数注册给调用者，在这里，调用者为 calculateAvg() 函数，我们通过该函数传入回调接口。第三步，当 calculateAvg() 函数开始计算均值时，为了获取要计算的属性，会调用回调函数从而对事件进行特定处理。

在 main 函数中，我们通过定义不同的回调接口，分别计算了学生列表的年龄均值、身高均值、体重均值。

六、编程之道

29. 如何正确地编写注释？

对于每一个刚开始编程的程序员来说，他们中的大多数都会接触到这样一个概念，编写注释是一个增强代码可读性的好办法。这个概念直观上看非常正确，因为在注释里面我们可以采用人类的语言描述代码的作用。于是我们会在遇到一些代码读上去比较晦涩难懂的地方添加注释，甚至有些程序员喜欢在程序的每个地方都添加注释。这样的做法究竟是正确还是错误的呢？本节首先将探讨编写注释的优点和缺点，之后我们将会学习编写注释的正确方法。

▶▶▶ 减少注释

注释真的有我们想象的那么好吗？答案是否定的。有的时候我们编写了一段不那么容易读懂的代码，于是我们考虑给这段代码添加一段注释，这是最好的解决方法吗？为什么我们不能够首先考虑优化代码呢？也许代码在经过优化之后变得清晰了，这时候或许已经没有必要再添加注释了。而事实上，优化代码的优先级永远比添加注释来得高。我们应该尽可能减少注释，因为优秀的代码本身就应该是能够自己说明自己的，当我们需要为一段代码添加注释时，这说明这段代码有改进的空间。

注释存在哪些缺点呢?

(1)代码是变化的,当我们修改一段代码时,往往会忘记修改这段代码的注释,于是代码和注释便不同步了,当其他人阅读修改之后的代码时,会因为代码本身和代码注释的不一致而一头雾水。尽管我们可以要求每个程序员在修改代码的同时也不要忘记修改注释,但并不是每个程序员都能保证做到的,毕竟真正关系到运行结果的只有代码,注释只是帮助其他人理解代码的工具。

(2)好的代码本身足以说明自己的行为(自注释),为其添加注释只是画蛇添足。要知道,注释对于代码在某种意义上就是重复。重复是软件设计中的大忌,假设我们需要修改一处功能,我们一定不会希望在庞大的项目中寻找多个需要同步修改的地方,最理想的状况是只需要改动一处。

(3)当我们需要编写注释时,这说明目前代码的可读性不是那么强,要知道,程序员的大部分时间都是在阅读他人或者自己过去写的代码,我们应该把注意力更多地投入到提高代码质量上去。

▷▷▷ 何时编写注释

这样看来,注释似乎应该是能省则省的了,那注释还有存在的必要吗?答案是肯定的,尽管我们应该减少使用注释的次数,但是仍然会有一些地方需要使用注释。好的注释应该是用来说明代码的意图的,而不是说明代码的行为的,简单地说,注释应该解释为什么这么做,而不是解释做了什么。代码本身就说明了自己的行为,再使用注释说明行为就是画蛇添足。当我们在写注释时,应当是从更高的思维层次上来说明编写这段代码时的想法,如同作家在阐述自己写作时的想法一样,阐述自己为什么要这么写。

所以我们会在哪些时候需要编写注释呢?下面是几个常见的用到注释的地方。

(1)对意图的解释。就像上文说的,好的注释用来说明代码的意图,而不是说明代码的行为。我们可能会对某个类,某个方法,或者某个代码段提供描述意图的注释。

（2）为符合代码规范，在文件开头编写法律有关的信息。

（3）TODO 注释，用来说明即将编写而尚未编写的代码。

（4）公共 API 文档中的注释。如果我们是在编写供他人使用的 API，就需要按照标准编写良好的注释了，因为它们可以帮助使用者理解我们所提供的函数的基本功能。

▶▶▶ 常见的错误

下面我们来看一些编写注释时容易犯的错误，示例代码 29.1 展示了一个编写了大量坏注释的类，Student 类有两个属性姓名和年龄，该类有一个构造函数，有一个成员函数用以判断该学生是否是成年人。阅读这段代码，你能发现多少问题呢？

示例代码 29.1

```java
package program.chapter29;
class Student{
    // name of the student
    private String name;
    // age of the student
    private int age;

    //private static final int ADULT_AGE = 20;
    private static final int ADULT_AGE = 18;

    /*
     * Constructor
     *
     * @param name name of the student
     * @param age age of the student
     */
    public Student(String name, int age) {
        this.name = name;
        this.age = age;
```

```
    }

    /*
    * student name getter
    *
    * @return name of the student
    */
    public String getName() {
        return name;
    }

    /*
    * student name setter
    *
    * @param name name of the student
    */
    public void setName(String name) {
        this.name = name;
    }

    /*
    * student age getter
    *
    * @return age of the student
    */
    public int getAge() {
        return age;
    }

    /*
    * student age setter
    *
    * @param age age of the student
    */
    public void setAge(int age) {
```

```
            this.age = age;
        }


        /*
         * Judge if this student is an adult
         *
         * @return if this student is an adult
         */
        public boolean isAdult(){
            // if age is older than 18, return true, else, return false
            return (age >= ADULT_AGE);
        }
    }


public class Code1 {
    public static void main(String[] agrs){
        Student s = new Student("studentA", 18);
        System.out.println(s.isAdult());
    }
}
```

示例代码 29.1 中的坏注释：

（1）多余的注释。注释是用来辅助解释一些含义晦涩的代码的，但是刚学会编写注释的同学可能会为每一个文件、类、函数套用模板编写注释。示例代码 29.1 中这样的例子包括，属性 name 和 age 的注释、构造函数的注释、属性的 getter 和 setter 函数的注释。这些属性与方法都能够通过名字直观地看出其含义，为其编写注释完全是多余且重复的，这些注释都应该被删除。

（2）isAdult()函数级别的注释首先存在第一个问题，这是多余的注释，应该被省略。该函数内部的注释同样存在该问题，也应该被省略，判断是否为成年人的逻辑可以通过代码直观地阅读，不需要这一条注释。该句注释还存在一个问题是，如果 ADULT_AGE 的值发生了变化，而如果在修改该值之后忘记修改注释中的 18，就会产生代码与注释不一致的问题。

（3）把代码注释掉是错误使用注释的又一个例子。在示例代码 29.1 中，作者将原先的 ADULT_AGE 的定义注释掉，而在下一行重新进行了定义。其他人在阅读这段代码之后不敢对被注释掉的代码进行操作，他们会想到，这句代码还在这里一定有它的原因，最后谁都不会去动这行注释，这行无用的注释就永远地呆在了那里。我们采用注释代码而不直接删除可能是担心旧的代码还有参考价值，但是这些工作版本控制工具（例如 GIT、SVN）都为我们做好了，它们可以为我们记录代码变更的历史，可以在这里找到所有我们编辑过的代码。

让我们来看一下改正这些问题之后的示例代码 29.2，尽管缺少了注释，但是阅读 Student 类一定不会让人觉得有任何问题。我们应尽可能从改进代码本身提高其可读性，而不是通过添加注释来达到这一目的。

示例代码 29.2

```java
package program.chapter28;
class NewStudent{
    private String name;
    private int age;

    private static final int ADULT_AGE = 18;

    public NewStudent(String name, int age) {
        this.name = name;
        this.age = age;
    }

    public String getName() {
        return name;
    }

    public void setName(String name) {
        this.name = name;
    }
```

```
    public int getAge() {
        return age;
    }

    public void setAge(int age) {
        this.age = age;
    }

    public boolean isAdult(){
        return (age >= ADULT_AGE);
    }
}


public class Code2 {
    public static void main(String[] agrs){
        NewStudent s = new NewStudent("studentA", 18);
        System.out.println(s.isAdult());
    }
}
```

30. 应该培养哪些良好的编程习惯？

　　相信读者已经可以编写出可以运行的代码了，但想要成为一名优秀的程序员，我们还需要学会编写高质量的代码，而不只是可运行的代码。软件的质量是以代码质量为基础的，为了提高软件的可维护性，我们需要编写整洁的代码，整洁的代码具有能够正确执行、可读性强、易于修改和维护等特点。本节将介绍写出整洁代码的方法，养成这些习惯可以大大提升我们的代码质量。

▷▷▷ 代码不仅是用来运行的

　　读者是否有过这样的经历：当你实现了一个功能之后，非常高兴地使这份代码投入了运行。在运行了半年之后，你的需求发生了变化，这时候需要对之前编写的代码进行重构，可是当回过头再去阅读自己编写的代码时，已经记不清每段代码的具体含义，有时候甚至会被自己编写的代码弄得一头雾水，重新拾起这份代码成了一个极为艰难的任务。

代码不仅是用来运行的，更是用来读的。编写能够正确执行的代码是我们的目标，同时，我们的代码也应该具备较强的可读性与易维护性，因为我们在开发过程中会不断遇到重构、修改现有代码的情况，导致这些变化的原因可能是需求变更，可能是架构调整。我们需要对自己编写的代码负责，这不只是对自己的负责，也是对其他人的负责，因为在将来，也许会有团队其他人来修改你编写的代码。

想要编写整洁的代码，就要从细节处着手，培养良好的编程习惯，包括但不局限于：

（1）消除重复的代码。

（2）采用有意义的命名。

（3）函数的单一权责与层级划分。

（4）单元测试。

（5）使用异常替代返回码检查。

（6）正确编写注释。

（7）良好的代码格式。

▷▷▷ 消除重复

读者是否也曾为了一时方便大段大段地复制代码？如果是，那就应该从现在开始培养这个习惯：编写没有重复的代码，消除所有的重复。

当系统中存在重复的代码，若未来需要修改现有的代码，就需要我们找到所有重复的代码一一修改，谁能保证不遗漏任意一处的修改呢，即使全部都不遗漏，我们也会排斥这样的工作，明明可以只修改一处就完成的任务，为什么要修改多处呢？从编写代码的开始就消除项目中的所有重复！

可能存在以下几类代码重复的情况：

（1）　如果同一个类中的代码发生了重复，可以将两处重复的代码提取到同一个方法中。

（2）　如果同一类型的类中代码发生了重复，可以通过提取重复代码到父类中消除重复，设计模式中的模板方法就运用了类似的思想。

（3）　如果是完全不相干的类中的代码发生了重复，可以将重复代码提取到一个方法中，并将该方法放入一个新建的类中。

以上是一些简单的消除重复的方法，在编写项目的过程中还会遇到更复杂的情况，设计模式中很多的模式可以用来消除重复，帮助编写出可复用的面向对象的软件。

▷▷▷ 采用有意义的命名

类似于 a，b，c 这样的变量名什么都不能说明，只是一个符号，其他人在阅读的时候完全无法理解这个变量表达的含义，甚至过几个月当自己回顾自己的代码时，也会不明所以。

采用有意义的命名可以大大提高代码的可读性，包括变量的名称与函数的名称。在上一节中我们提到，尽可能减少注释的编写，因为好的代码应该是自注释的，而想要编写自注释的代码，采用有意义的命名是最重要的方法之一，如果我们可以通过变量与函数的名字就能知道它们是做什么用的，这样的代码读起来会容易得多。

▷▷▷ 函数的单一权责与层级划分

想要读完一个成百上千行的函数势必会花费很多时间，当我们读完这样一个函数，回过头分析这个函数做了什么工作，可能会在细节和整体之间往复循环，一会落入了函数某一个区域的细节实现，一会又要从细节中脱离出来，查看整个函数所实现的功能。

编写函数的一个重要原则是尽可能短小，我们不应该编写超过一百行的函数，短的函数有利于阅读，不需要花费太大的力气就能读完。更重要的是，一个函数只应该负责完成一件事，如果一个函数完成了不止一件事，那么可以考虑将这几件事拆分出多个函数，这样做的效果是，每个函数完成的功能都是一目了然的。

同一个函数应该完成同一抽象层级上的步骤。来看下面这个例子，如图30.1（a）所示，函数 X 完成了 A、B1、B2、B3、C 五个步骤，其中，步骤 B1、B2、B3 为 B 的三个子步骤，所有步骤都被定义在了函数 X 中。在30.1（a）所示的代码结构中，B1、B2、B3 这三个子步骤与 A、C 两个步骤并不在同一个抽象层级上，想要理解 X 完成的工作我们的思路需要绕一个弯。

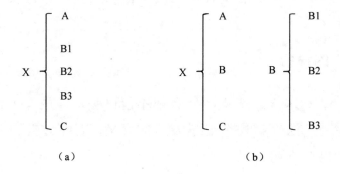

图 30.1   函数的层级划分

为了使得代码实现符合一个函数完成同一抽象层级上的步骤，我们可以将代码结构改变为图30.1（b）所示。现在 X 完成了 A、B、C 三个步骤，同时将步骤 B 单独抽出一个函数，该函数完成 B1、B2、B3 三个步骤，这样，函数 X 和函数 B 各自实现的步骤就都在同一个抽象层级上了。

▶▶▶ 单元测试

为代码提前编写 UT（Unit Test 单元测试）是一个良好的开发习惯，在编写代码之前，应该对于某个函数完成怎样的功能有了预期，而这正是可以写入单元测试的，在编写完实现之后，可以通过单元测试来验证代码，并且每一次改动后的代码都应该保证能通过测试。单元测试是说明代码可靠性的有力工具，尽管单元测试并不能百分之百保证我们编写的代码没有任何问题。

同样地，我们在保持代码整洁的同时不应该忽略单元测试，尽管这是测试代码，同样应该重视它的代码质量。因为当需求发生变更，源代码会发生变动，而单元测试也会跟着源代码发生变动，如果单元测试的代码质量得不到保证，每一次的重构都会伴随单元测试的大改，团队维护测试的成本将大大提高。

▷▷▷ 其他

其他的良好的编程习惯还包括：采用异常处理，正确编写注释，良好的代码格式等。

我们在本书第 21 节与第 22 节介绍了异常处理的知识。在编写代码时，我们应该采用抛出异常的方式通知调用者发生错误的情况，而避免使用错误返回码来通知调用者，我们不能寄希望调用者检查返回码来执行相应的异常处理，抛出异常是最好的通知方法。同时，我们可以为某些错误定义特定种类的异常。不受检查的异常由于不会影响调用者函数的签名，符合代码的开放封闭原则，因此受到推荐。

在本书的第 29 节，我们介绍了编写注释的正确方法，好的代码应该是自注释的，只有在需要说明代码意图的时候，我们才有必要添加注释。所有代码晦涩的地方，我们都应该首先考虑优化代码，只有在不得已的情况下才考虑使用注释。

良好的代码格式也是一个重要的习惯，例如，我们应该控制每一行代码的宽度不超过某个限定的字符数，80 个字符的要求有一点苛刻，但是我们也应该给每行代码的字符数设定上限，例如 120。我们不希望在阅读代码的时候还需要横向拖动滚动条。每一个团队通常会有自己的代码格式要求，在现在的集成开发环境中通常可以导入格式文件，这样便可以格式化我们编写的代码，使其符合规范。

▷▷▷ 面向对象设计的进阶之路

面向对象设计的金字塔主要分为三层，自底向上分别是：

（1）面向对象的特性：封装、继承、多态。

（2）面向对象中类的设计原则：单一职责原则、开放封闭原则、里氏替换原则、依赖倒置原则、接口分离原则。以及包的设计原则：包的内聚性原则、包的耦合性原则。

（3）面向对象的设计模式：共包括 23 种经典的设计模式，如单例模式、工厂模式、装饰器模式、适配器模式、代理模式、策略模式等。

面向对象的设计原则与设计模式可以指导我们编写出更为整洁的代码，感兴趣的读者可以查阅这方面的资料，伴随着编写代码的增多，你一定能顺利踏上这条进阶之路。

参 考 文 献

[1] Bruce Eckel. Thinking in Java[M]. uppersaddle River. New Jevsey:Prentice Hall, 2006.

[2] Cormen T H. Introduction to algorithms[M]. Cambridge, Massachusetts MIT press, 2009.

[3] Gamma E. Design patterns: elements of reusable object-oriented software[M]. London: Pearson Education India, 1995.

[4] Martin R C. Agile software development: principles, patterns, and practice [M]. Upper Saddle River, New Jersey: Prentice Hall, 2002.

[5] 俞甲子. 程序员的自我修养：链接，装载与库[M]. 北京：电子工业出版社, 2009.

[6] Kernighan B W, Ritchie D M. The C programming language[M]. Upper Saddle River, New Jersey: Prentice Hall, 2006.

[7] GayleLaak mann Mc Do well, 麦克道尔，李琳骁，等. 程序员面试金典[M]. 北京：人民邮电出版社，2013.